Autodesk Revit MEP
管线综合设计
快速实例上手

优路教育BIM教学教研中心　主编

机械工业出版社
CHINA MACHINE PRESS

本书共16章，第1章讲解了Revit MEP 的基本知识。 第 2~7 章讲解了Revit软件基础命令的使用方法；第8~11章讲解了在Revit MEP中开展项目创建、暖通空调设计、给水排水设计、电气设计的基础知识；第12~14章以办公楼项目为例，分别介绍暖通、给水排水、电气系统的创建；第15章介绍碰撞检查与工程量统计的操作方法；第16章介绍MEP管线综合设计时常遇到的问题及解决方法。

图书在版编目（ＣＩＰ）数据

Autodesk Revit MEP管线综合设计快速实例上手 /
优路教育BIM教学教研中心主编. -- 北京 : 机械工业出
版社, 2017.7

ISBN 978-7-111-56497-3

Ⅰ.①A… Ⅱ.①优… Ⅲ.①建筑设计—管线综合—
计算机辅助设计—应用软件 Ⅳ.①TU204.1-39

中国版本图书馆CIP数据核字(2017)第068440号

机械工业出版社（北京百万庄大街22号　　邮政编码 100037）

策划编辑：刘志刚	责任编辑：刘志刚
封面设计：张　静	责任印制：李　昂
责任校对：刘时光	

印　　刷：北京中科印刷有限公司
2017年5月第1版第1次印刷
184mm×260mm·18.5印张·446千字
标准字号：ISBN 978-7-111-56497-3
定价：79.00元

凡购买本书，如有缺页，倒页，脱页，由本社发行部调换

电话服务	网络服务
服务咨询热线：010-88361066	机工官网：www.cmpbook.com
读者购书热线：010-68326294	机工官博：weibo.com/cmp1952
010-88379203	金书网：www.golden-book.com
封面无防伪标均为盗版	教育服务网：www.cmpedu.com

Autodesk Revit软件简介

以Revit技术平台为基础推出的专业版软件 —— Revit Architecture（建筑设计）、Revit Structure（结构设计）、Revit MEP（设备版，即设备、电气、给水排水）三款面对不同专业的设计工具，可以更轻松地帮助用户实现数据设计、图形绘制等多项功能，从而提高设计人员的工作效率。

本书内容安排

本书是一本Revit MEP管线综合设计从入门到精通的软件教程，将软件技术与行业应用相结合，全面系统讲解了Revit MEP 2016中文版的基本操作及在暖通设计、给水排水设计、电气设计中运用Revit MEP进行辅助设计的理论知识、绘图流程、思路和相关技巧，可帮助用户迅速从Revit新手成长为管线综合设计高手。

篇 名	内 容 安 排
第1章 （入门篇）	介绍了Revit MEP的基本知识以及其与BIM模型的结合运用所达到的效果
第2~7章 （基础实例篇）	以Revit MEP 为例，讲解软件的基础操作，为学习使用软件进行管线综合设计打下基础。并以住宅楼设计为例，介绍了在Revit中创建各类建筑构件的基本知识，包括放置标高、创建轴网、绘制墙体、幕墙、载入门窗族文件、生成楼板、天花板，创建屋顶，绘制楼梯、坡道，放置扶手等内容
第8~11章 （提高篇）	讲解了Revit MEP的提高应用，包括暖通设计、给水排水设计、电气设计的相关知识
第12~14章 （实战篇）	以办公楼项目为例，讲解使用Revit MEP来创建暖通系统、给水排水系统、电气系统的操作流程
第15章	介绍碰撞检查与工程量统计的操作方法
第16章 MEP技巧提示	展示在进行MEP管线综合设计时常遇到的问题及解决方法，为初学者在学习操作软件的过程中答疑解惑
附录-快捷键	在附录中提供了常用绘制、编辑工具的快捷键，以及在开展管线综合设计工作中需要用到的快捷命令，通过使用快捷键，可以快速地执行命令

书写作特色

总的来说，本书具有以下特色。

零点快速起步 绘图技术全面掌握	本书从Revit MEP 2016的基本功能、操作界面讲起，由浅入深、循序渐进，同时结合软件特点和行业应用安排了大量实例，让用户在绘图实践中轻松掌握Revit MEP 2016的基本操作和技术精髓

案例贴身实战 技巧原理细心解说	本书实例都包含相应工具和功能的使用方法和技巧。在一些重点和要点处，还添加了大量的提示和技巧讲解，帮助用户理解和加深认识，从而真正掌握绘图要领，以达到举一反三、灵活运用的目的
常见图纸类型 管线综合设计全面接触	本书以办公楼项目为例，介绍暖通、给水排水、电气系统的设计，使广大用户在学习Revit MEP的同时，可以从中积累经验，了解和熟悉管线综合设计的专业知识和绘图规范
讲解实战案例 绘图技能快速提升	本书的每个案例经过作者精挑细选，具有典型性和实用性，以及重要的参考价值，用户可以边做边学，从新手快速成长为Revit MEP绘图高手
高清视频讲解 学习效率轻松翻倍	本书提供网络资源下载服务，收录全书实例的视频教学文件，让读者享受专家课堂式的讲解，成倍提高学习兴趣和效率

本书创建团队

本书由优路教育BIM教学教研中心组织编写，具体参与编写和资料整理的有：李杏林、董栋、董智斌、冯净松、付凤、何辉、黄聪聪、黄玉香、姜娜、居雪梅、李慧丽、李佳颖、李婧、李雨旦、刘静、刘叶、罗超、罗银花、孙志丹、吴乐燕、肖丽、杨枭、张范、张琳青、张梦娇。

由于编者水平有限，书中疏漏与不妥之处在所难免。在感谢您选择本书的同时，也希望您能够把对本书的意见和建议告诉我们。

编 者
2017年2月

目 录

第 5 章 族 ·· 54

第 6 章 协同工作 ·· 102

第 7 章 图纸设置 ·· 120

第 8 章 Revit MEP 项目创建 ·········· 139

第 9 章 暖通空调设计 ················ 157

第 10 章 给水排水设计 ··············· 177

第 11 章 电气设计 ···················· 193

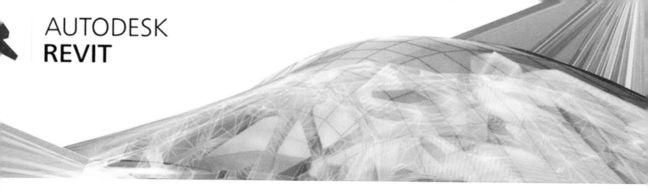

第1章

Revit MEP绪论

　　本书将要介绍的Revit MEP是一款目前非常流行的智能设计工具，可以通过参数驱动模型即时呈现工程师的设计，通过协同工作减少水、暖、电气设计和建筑、结构设计之间的协调错误，通过模型分析支持节能设计和碰撞检查，并可通过自动更新所有变更减少整个项目的设计错误。

1.1 Revit MEP基本术语

本节介绍在使用Revit MEP工作时经常使用到的术语，了解指定术语的含义后，在工作过程中可以快速地理解各种技术文件，增加工作效率。

1.1.1 项目

初次使用Revit软件，系统会要求用户先建立一个项目，以方便在此基础上进行工作。Revit中的项目是单个设计信息数据库模型，用于设计模型的构件（如墙、门窗、管道、设备等）、项目视图及设计图纸。

建立单个项目文件后，用户在项目中对设计项目进行各种修改，并可将修改反映在所有相互关联的区域，如对平面视图执行修改操作后，立面视图、剖面视图以及明细表等的信息都会同步被修改，如此可以提高工作效率。

1.1.2 图元

Revit的图元分为三种类型，即：模型图元、视图专用图元、基准图元。

1. 模型图元

模型图元代表建筑的实际三维几何图形，例如墙体、风管等。在Revit MEP中，按照类别、族和类型对模型图元进行分级，三者关系如图 1-1所示。

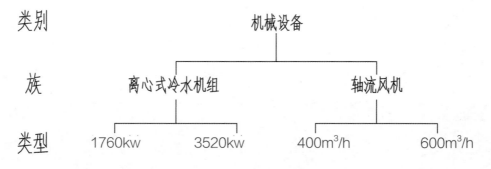

图 1-1　模型图元构成

2. 视图专用图元

该类图元仅显示在放置这些图元的视图中，对模型图元进行描述或者归类，例如尺寸标注、标记等。

3. 基准图元

该类图元协助定义视图范围，例如轴网、标高和参照平面。

● 轴网

轴网，可划定有限平面，在立面视图中通过拖曳来调整其范围，以使其不与标高线相交，分为直线轴网和弧线轴网。

● 标高

转换至立面视图或者剖面视图，可放置标高。标高可以用来定义建筑内的垂直高度或者楼层，也可用来标识屋顶、楼板、顶棚等，其是以楼层为主体的图元的参照。

● **参照平面**

参照平面可以为精确定位、绘制轮廓线等提供辅助，分为二维参照平面和三维参照平面。三维参照平面显示在概念设计环境中。项目中的参照平面显示在各楼层平面中，三维视图中不显示参照平面。

参数化是Revit MEP图元的最大特点，作为实现协调、修改和管理功能的基础，这极大提高了设计的灵活性。

1.1.3 类别

类别是用来设计建模或者归档的一组图元。例如模型图元类别包括风管附件及机械设备等，而注释图元则包括尺寸标注、文字注释等。

1.1.4 族

一个图元类别中的类，是根据参数（属性）集的"共用"、使用上的"相同"和图形表示的"相似"来对图元进行分组。由于一个族中不同图元的部分或者全部属性可能会有不同的值，但其属性的设置（即名称与含义）是相同的，例如冷水机组作为一个族可以由不同的尺寸及制冷量。

1.1.5 类型

族有多个类型，类型用来表示同一族中的不同参数（即属性）值。例如"定量风阀"族，根据不同的形状，可以分为圆形风阀和矩形风阀，如图1-2所示。

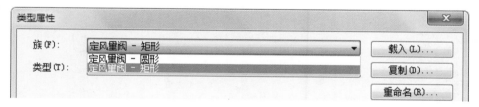

图 1-2　风阀类型

在"定量风阀"族中，不同类型风阀的属性参数也不同，如图 1-3、图 1-4所示为圆形定量风阀与矩形定量风阀不同的属性参数。

图 1-3　定量风阀 - 圆形

图 1-4　定量风阀 - 矩形

1.1.6 实例

实例指放置在项目文件中的实际项，即单个图元，在模型实例（建筑）和注释实例（图纸）中都有实例的特定位置。

1.2 Revit MEP用户界面

执行"新建项目"操作，进入工作界面。在菜单栏上选择"系统"选项卡，进入Revit MEP用户界面，如图1-5所示。用户界面由应用程序菜单、快速访问工具栏、信息中心、功能区、状态栏、视图控制栏等组成。

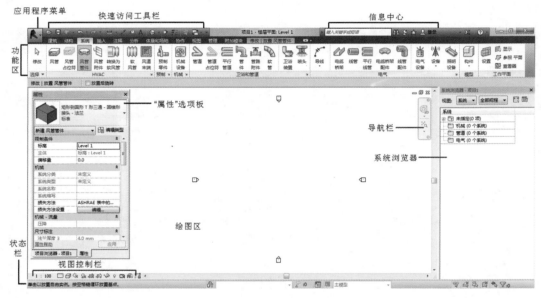

图1-5 Revit MEP 用户界面

1.2.1 功能区

功能区上包含了各类绘图命令，由左至右依次分为，HVAC（暖通）命令、卫浴和管道命令、电气命令等，点击命令按钮，可以启用指定的命令。

点击菜单栏最末选项后的按钮，在调出的列表中可以设置功能区的显示样式，如图1-6所示。选择"最小化为选项卡"选项，功能区仅显示选项卡标签，如图1-7所示。

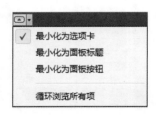

图1-6 选项列表

图1-7 最小化为选项卡

选择"最小化为面板标题"选项，可以显示选项卡及面板标题，如图 1-8所示。

选择"最小化为面板按钮"选项，在显示面板标题的同时也可显示图标，如图 1-9所示。将鼠标指针置于图标上，可以显示该类型命令面板。

图 1-8　最小化为面板标题　　　　　　　　　　　　图 1-9　最小化为面板按钮

点击面板下方的灰色区域，如图 1-10所示中箭头所指，可以任意移动面板的位置至其他区域。点击移动面板右上角的按钮，如图 1-11所示，可以将面板返回至功能区的原位置。

图 1-10　点击灰色区域　　　　　　　　　　　　　图 1-11　点击右上角按钮

1. 设置按钮

点击如图 1-12所示的面板右下角按钮 ◢，可打开相应的设置对话框。在"卫浴和管道"面板中点击右下角按钮，调出如图 1-13所示的【机械设置】对话框，在其中可以对风管机管道的属性参数进行设置。

图 1-12　点击右下角按钮

图 1-13　【机械设置】对话框

2. 命令子菜单

在面板中，某些命令按钮的下方显示了实心向下箭头，点击该箭头，可调出子菜单，在其中包含了若干命令。例如在"电气"面板中分别点击"导线"按钮和"设备"按钮，可以调出其子菜单，如图 1-14所示。

3. 上下文选项卡

执行命令时，有些命令可在功能区出现某个特殊的"上下文"选项卡，该选项卡中所包含的工具命令仅和当前正在执行的命令相对应。

例如在造执行"风管附件"命令时，调出"修改|放置 风管管件"上下文选项卡，在选项卡中包含了各类可以对风管附件执行编辑操作的命令，如图 1-15所示。

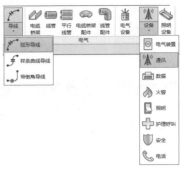

图 1-14 命令子菜单

图 1-15 上下文选项卡

4. 功能区命令解释

将鼠标指针置于命令按钮上，可以调出一个预览框。在预览框内显示了命令的名称、命令释义以及命令的详细说明，如图 1-16所示。在命令名称后的括号内显示的字母代表与命令相对应的快捷键，在键盘上按下相应快捷键，可以启用该命令。

预览框内的图示，有的表示该命令的执行结果，有的则可以演示命令的操作过程。假如对预览框内的解释不满意，按下< F1 >键进入帮助菜单，可以获得更为详细的解释。

1.2.2 应用程序菜单

点击左上角的应用程序菜单按钮，调出如图 1-17所示的应用程序菜单。在菜单中包括"新建""打开""保存"等命令，将鼠标指针置于命令选项上，会弹出子命令菜单，可以视用途情况点选可执行子菜单中的各项命令。

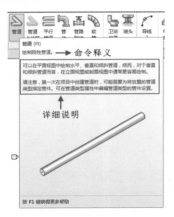

图 1-16 预览框

图 1-17 应用程序菜单

提示

使用"帮助"菜单，则需要在联网的状态下。

1.2.3 快速访问工具栏

快速访问工具栏中包含了各类常用的命令，如"打开""保存""放弃"等，如图 1-18所示，点击命令按钮，可以执行命令。点击工具栏末尾的向下实心箭头，调出如图 1-19所示的命令菜单，其中选中的命令被显示在快速访问工具上，取消勾选，则该项从快速访问工具栏上被删除。

图 1-19 命令菜单

图 1-18 快速访问工具栏

在列表中选择"自定义快速访问工具栏"选项，调出如图 1-20所示的【自定义快速访问工具栏】对话框。在右侧的列表中选择其中的一项命令，通过点击左侧的按钮来对命令执行编辑操作，如"上移"、"下移"、"添加分隔符"及"删除"。

在快速访问工具栏上的命令按钮上单击鼠标右键，调出如图 1-21所示的右键菜单，选择其中的选项，可以对命令执行各项操作。

图 1-20 【自定义快速访问工具栏】对话框

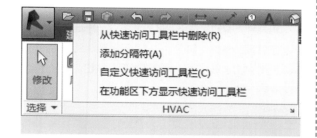

图 1-21 右键菜单

提示

在"自定义快速访问工具栏"列表中选择"在功能区下方显示"选项，可以调整工具栏的位置，使其位于功能区下方。

1.2.4 项目浏览器

项目浏览器选项板一般位于工作界面的左侧，显示了在当前项目中的所有视图，包括平面视图、立面视图以及三维视图，同时还显示了图例、明细表、图纸、族、组等其他类型的内容。

展开选项菜单，可以显示在其中所包含的各选项。在选项上单击鼠标右键，调出右键菜单，选择其中的选项，可以对选项执行相应的操作，如"打开""关闭""删除"等，如图 1-22所示。

提示

转换至"视图"选项卡，点击"窗口"面板中的"用户界面"选项，在调出的列表中选择"项目浏览器"中"属性"选项，可以在界面显示与其对应的选项板。

1.2.5 "属性"选项板

在"项目浏览器"的右下角点击"属性"选项，进入"属性"选项板。在选项板中显示了当前所选中图元的属性，如图1-23所示，在选项板中修改参数，可以控制图元的属性。

图1-22　项目浏览器

图1-23　"属性"选项板

有两种类型的属性需要区分清楚，一种是实例属性，另外一种为类型属性。在"属性"选项板中，默认显示当前视图的属性，如图1-24所示。选择图元后，可以在选项板中编辑所选图元的实例参数，如图1-25所示。此时点击选项板中的"编辑类型"按钮，进入【类型属性】对话框，如图1-26所示，在对话框中可以编辑所选图元的类型参数。

图1-24　显示当前视图的属性

图1-25　"属性"选项板

图1-26　【类型属性】对话框

> **提示**
>
> 在"属性"选项板中修改图元的实例属性，仅影响当前图元。在【类型属性】对话框中修改图元的类型属性，则会影响该类型的所有图元。

1.2.6 状态栏

状态栏位于绘图区域的左下角，在执行命令的过程中，给予用户操作提示。例如在执行"风管"命令时，系统在状态栏中提示"单击以输入风管起点"，如图 1-27所示，提示用户在绘图区域中指定风管的起点。在执行不熟悉的命令时，应该多观察状态栏上的提示，对于正确的操作命令有一定的帮助。

単击以输入风管起点

图 1-27 状态栏命令行提示

1.2.7 视图控制栏

视图控制栏在状态栏的上方，如图 1-28所示，通过访问控制栏中的各类命令，可以对视图执行各种控制操作。

图 1-28 视图控制栏

由左至右，控制栏上图标所代表的命令解释如下：

1 : 100：比例。

：详细程度，有三种形式，分别为：详细、中等、粗略。

：视觉样式，有多种形式，例如线框、隐藏线、着色等。

：日光设置，用来打开/关闭日光路径。

：阴影设置，点击该按钮，可以关闭/打开阴影。

：裁剪视图，点击该按钮，选择是否对视图执行裁剪操作。

：点击按钮，可以显示/隐藏裁剪区域。

：临时隐藏/隔离。

：显示隐藏的图元。

：启用临时视图属性，或恢复视图属性。

：隐藏分析模型。

：显示约束。

提示

点击"比例"按钮，在调出的列表中选择"自定义比例"选项，在【自定义比例】对话框中设置当前视图的比例，但所设比例不可用于该项目中的其他视图。

1.2.8 绘图区域

在绘图区域中执行绘制、编辑操作，从而得到各类图形。在同时打开多个视图的情况下，输入"WT"快捷键，可以平铺所有打开的视图，如图 1-29所示。

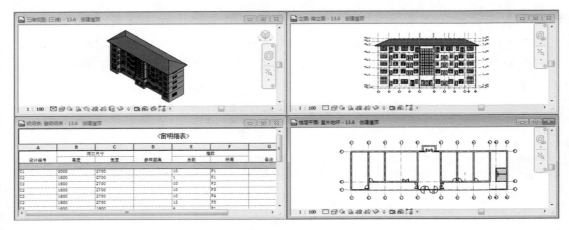

图 1-29　平铺视图

1.2.9　导航栏

使用导航栏中的缩放工具，可以控制视图的可视区域，对视图执行区域放大、缩小等操作，如图 1-30所示。

1.2.10　信息中心

用户在信息输入框中输入待搜索的信息，点击信息框后的"搜索"按钮 ，可以得到搜索结果。点击"通讯中心"按钮，可以进行产品更新，点击"收藏夹"按钮，可以访问保存的主体，如图 1-31所示。

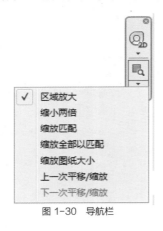

图 1-30　导航栏

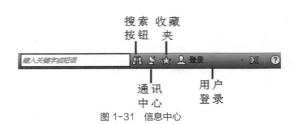

图 1-31　信息中心

1.2.11　ViewCube

将鼠标指针置于正方体上，单击鼠标并拖曳，可以旋转或者重新定向视图，如图 1-32所示。

图 1-32　ViewCube

1.3 基本命令

Revit MEP基本命令包括快捷键、图元选择、编辑图元等方面，认识并熟练掌握基本命令的使用，是学习Revit软件的基础。

1.3.1 Revit MEP基本命令

选择"系统"选项卡，在其中的功能区中显示的即为MEP的常用命令，如图 1-33所示。用户通过点击命令按钮，可以调用相应命令。

图 1-33　功能区

1.3.2 快捷键

除了直接点击面板上的按钮来调用命令外，还可键入快捷键来调用相应的命令。在Revit中可以自定义快捷键，为用户设置自定义操作提供了方便。

点击应用程序菜单按钮，在调出的列表中点选"选项"按钮，打开【选项】对话框。在对话框中选择"用户界面"选项，在右侧的列表中点击"快捷键—自定义"按钮，如图 1-34所示。打开【快捷键】对话框，在其中显示了命令及其与之相对应的快捷方式，如图 1-35所示。

图 1-34　【选项】对话框

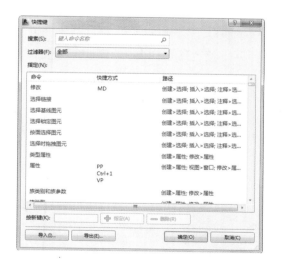

图 1-35　【快捷键】对话框

例如为"洞口"命令指定快捷键，首先在列表中选择"洞口"，接着在"按新键"文本框中输入快捷键"DK"，如图 1-36所示，点击"指定"按钮，就可将所设置的快捷键指定给选中的命令，如图 1-37所示。

图 1-36　键入快捷键

图 1-37　指定快捷键

在"搜索"栏中输入搜索关键字，系统可以列出与其相关的所有命令。如输入文字"管道"，可以在列表中显示包含"管道"的命令，如图 1-38所示。例如为命令所指定快捷键与已有快捷键重叠，则系统会调出【快捷方式重复】对话框，如图 1-39所示，提示当前快捷键与某个命令重复。

图 1-38　搜索命令

图 1-39　快捷键重复

1.3.3　选择图元

选择图元有点选、框选、全选几种方式。

1. 点选

单击鼠标左键单击图元，可以将其选中。需要选择多个图元时，按住< Ctrl >键，鼠标将逐个点击要选择的图元。按下< Shift >键，鼠标点击选中的图元，可以取消图元的选择。

2. 框选

按住鼠标左键不放，从左至右拖出选框，位于选框中的图元被选中。此时按住< Ctrl >键，继续拖出选框以选择其他图元，或者使用其他方式来选取图元。按住< Shift >键，拖出选框框选图元，可将其从选择集中删除，也可通过点选的方式删除选择集中的图元。

3. 选择全部实例

使用点选的方式选择某个图元，单击鼠标右键，在右键菜单中选择"选择全部实例"选项，如图 1-40所示，可以选中当前视图或者整个项目中所有的相同类型的图元实例。在需要选择同类型的图元时，使用该方式最快速。

1.3.4 过滤图元

选择图元，在"选择"面板上点击"过滤器"按钮，调出【过滤器】对话框，如图 1-41所示。被选择的图元为选中状态，取消选择，则该图元从选择集中被删除。

图 1-40　右键菜单　　　　　　　　　　　　　　　　　图 1-41【过滤器】对话框

1.3.5 编辑图元

1. 编辑图元属性

选择图元，可以在"属性"选项板上直接修改其属性参数，或者点击"属性"面板上的"类型属性"按钮，进入【类型属性】对话框，对其类型属性执行编辑修改。

2. 专用编辑命令

选择某些图元，会显示与其相对应的编辑命令。例如选择"风管"，可以进入"修改|放置 风管"面板，如图 1-42所示，在其中可以修改风管的各类参数，例如宽度、高度、偏移量等。

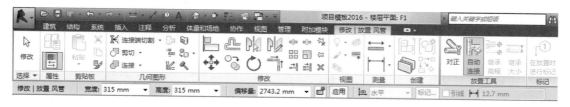

图 1-42　"修改|放置 风管"面板

3. 端点编辑

选择图元后，在图元的两端或者图元的其他位置会出现蓝色的操作控制点，将鼠标指针置于控制点上，按住鼠标左键不放，拖曳鼠标可以对图元执行编辑操作。选择风管后，会在风管的两头显示蓝色的操作控制点，同进还显示风管的临时尺寸标注，以标注风管的长度，如图 1-43所示。

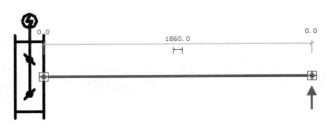

图 1-43　风管蓝色控制点

4．临时尺寸标注

选择图元，可以显示蓝色的临时尺寸标注，如图 1-43所示中的"1860.0"。取消选择图元后，临时尺寸标注也同时被隐藏。点击尺寸标注文字下方的线性标注图标，可以将临时尺寸标注转换为线性标注。

5．专用控制符号

选择某些图元，可以显示一些专用的控制符号，通过激活控制符号，可以对图元执行一系列的操作。例如选择电动风阀图元，显示的控制点包括"旋转""创建风管""拖曳""翻转管件"等，如图 1-44所示。

6．常用的"修改"命令

选择图元，进入"修改"面板，除了一些与图元配对的编辑命令外，位于"修改"面板上的修改命令，可以对图元执行一系列的编辑操作，例如"对齐"命令、"偏移"命令、"镜像"命令等，如图 1-45所示。

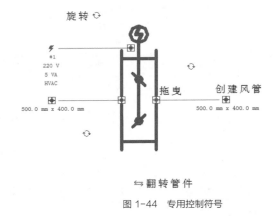

图 1-44　专用控制符号

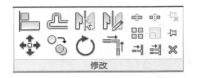

图 1-45　"修改"面板

7．可见性控制

Revit中可见性控制的作用与AutoCAD中图层的作用有相似之处。当所设计的项目较为复杂，所包含的图元较多时，为了提高系统的显示性能，需要将其中一些图形关闭显示。

● **可见性/图形替换**

选择"视图"选项卡，在"图形"面板中点击"可见性/图形"按钮，调出【可见性/图形替换】对话框，如图 1-46所示。其中一共包含五个类别，分别为："模型类别""注释类别""分析模型类别""导入的类别""过滤器"。

在"可见性"列表下被勾选的图元类别，可以在视图中显示，取消选择该项，则关闭显示。单击"过滤器列表"选项，在列表中显示了五种模型类别，分别是建筑、结构、机械、电气及管道，选择其中的一项，可以在"可见性"列表中显示与其相对应的图元类别。

勾选"在此视图中显示模型类别"选项，可将设置应用于当前视图。

● **临时隐藏/隔离**

点击视图控制栏上的"临时隐藏/隔离"按钮 ，在调出的列表中显示了"隐藏/隔离"的方式，如图1-47所示。

隔离类别：选择该项，在当前视图中仅显示与选中图元相同类别的图元，其他不同类别的图元均被隐藏。

隐藏类别：选择该项，当前视图中与选中图元相同类别的所有图元均被隐藏。

隔离图元：选择该项，仅显示在当前视图中选中的图元，选中图元以外的所有对象均被隐藏。

隐藏图元：当前视图中选中的图元均被隐藏。

重设临时隐藏/隔离：选择该项，可以恢复显示所有的图元。

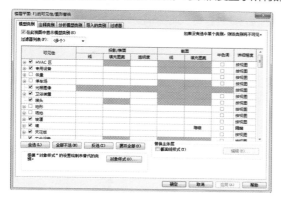

图 1-46 【可见性/图形替换】对话框

图 1-47 "隐藏/隔离"列表

● **显示被隐藏的图元**

单击视图控制栏上的"显示隐藏的图元"按钮 ，可以显示所有被隐藏的图元。

> **提示**
> 键入"VV"，也可调出【可见性/图形替换】对话框。

8. 视图显示模式控制

点击视图控制栏上的"视觉样式"按钮 ，在调出的列表中显示了五种显示模式，如图 1-48所示。平面视图、立面视图、剖面视图以及三维视图，均可以在这五种显示模式之间切换。

单击"图形显示选项"选项，调出如图 1-49所示的【图形显示选项】对话框，通过修改参数来增强模型视图的视觉效果。点击"另存为视图样板"按钮，可将所设置的参数保存为样板，以便下次调用。

图 1-48 "显示模式"列表

图 1-49 【图形显示选项】对话框

1.4 文件格式

Revit基本的文件格式有四种类型，在保存文件的时候可以在这四种类型中选择文件的格式。此外，Revit所支持的文件格式有多种类型，为的是方便与其他软件进行交流，这为用户提供了极大的便利。

1.4.1 基本的文件格式

本节介绍Revit基本的四种文件格式。

1. .rte格式

".rte格式"是Revit的项目样板文件格式，在文件中包含的内容有：项目单位、标注样式、文字样式、线型、线宽、线样式、导入/导出设置等。用户以项目样板为模板新建图形文件后，即可在系统预先设定好的内部标准下开展设计工作。

系统的各项参数可以根据用户的实际使用需求进行更改，更改后执行"另存为"操作，可保存为自定义样板文件。

2. .rvt格式

".rvt格式"是项目文件格式，包含项目的模型、注释、视图、图纸等内容，一般基于项目样板文件（即.rte文件）来创建，操作完成后另存为".rvt文件"，以作为设计所使用的项目文件。

3. .rfa格式

".rfa格式"是外部族的文件格式，Revit MEP中的电气设备、机械设备、给水排水设备、管道配件、管道附件等文件都以".rfa格式"保存。

4. .rft格式

".rft格式"是外部族的样板文件格式，创建不同的构件族、注释符号族、标题栏时要选择不同的族样板文件。

1.4.2 支持的文件格式

Revit为了方便实现多种软件协同工作，设置了"导入""链接""导出"等工具，可导入多种格式的图形文件，并可与外部创建链接，还可将文件以多种文件格式导出，从而方便用户使用多种设计及管理工具来实现自己的设计意图。

1. CAD格式

选择"插入"选项卡，在"链接"与"导入"面板上显示有"链接CAD"与"导入CAD"命令按钮，如图1-50所示。通过启用命令，可以将外部CAD图形文件导入至Revit中来。

图1-50 "插入"选项卡

⭐ 01链接CAD：通过该命令将".dwg"文件导入到Revit中来后，CAD文件不能分解，但是当导入的CAD文件有更新时，可以同步更新。

⭐ 02导入CAD：通过该命令将DWG文件导入到Revit中后，CAD文件可被分解，但是在导入后再进行更新的DWG文件，Revit不会同步更新修改。

提示

当导入的DWG文件超过10 000个图元时，不能被分解。导入的DWG文件被分解后可以在Revit中被编辑，而链接的DWG文件仅作为底图来使用。DWG文件被完全分解后，导入符号将被分解为Revit文字、曲线、线条及填充区域。

2. SKP格式

SKP是SketchUp的文件格式，SketchUp是一种建模和可视化工具。通过以下方式，可将SKP文件导入至Revit中。

⭐ 01通过Revit在项目以外创建族或者在项目内创建"内建族"。

⭐ 02在"插入"选项卡中启用"导入CAD"命令，在【导入CAD格式】对话框中选择.SKP文件将其导入至该族中。

提示

因为Revit不支持对SKP文件的连接，因此应该在SketchUp中完成图形的设计后，再将其导入至Revit中。

3. ACIS对象

ACIS对象包含在DWG、DXF和SAT文件中，用来描述实体或经过修剪的表面。Revit支持的ACIS对象包括：平面、球面、圆环面、圆柱、圆锥、椭圆柱、椭圆锥、拉伸表面、旋转表面、NURB表面等类型。

ACIS对象中的NURB表面类型在导入Revit中时，需要将其导入至"常规模型族"或者"体量族"中。

4. ADSK格式

ADSK格式是一种基于xml的数据交换格式，可以在Inventor、Revit、AutoCAD、Civil 3D和AutoCAD Architecture等软件之间进行数据交互。

在Revit中导入ADSK格式文件的方式如下所述。

⭐ 01单击应用程序菜单按钮，在调出的列表中选择"打开"|"建筑构件"选项，如图 1-51所示，在【打开ADSK文件】对话框中选择文件，点击"打开"按钮，可以开启文件。

⭐ 02选择"系统"选项卡，在"模型"面板上单击"构件"按钮，在列表中选择"放置构件"选项，如图 1-52所示。进入"修改|放置 构件"选项卡，点击"载入族"按钮，如图 1-53所示。调出【载入族】对话框，在"文件类型"选项中选择".adsk文件"，如图 1-54所示，点击"打开"按钮可以开启文件。

图 1-51 选择"建筑构件"选项

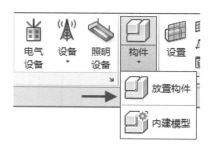

图 1-52 选择"放置构件"选项

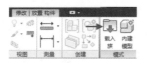

图 1-53　选择"载入族"选项

图 1-54　选择 .adsk 文件

提示

ADSK文件不能在Revit中被编辑修改，且不能打开与更高版本的Revit相关联的ADSK文件。

5. IFC格式

"IFC"是"Industry Foundation Class"的缩写形式，是行业基础类的文件格式，是由国际协同工作联盟（IAI）组织制定的建筑工程数据交换标准，为不同软件应用程序之间的协同问题提供解决方案。

在Revit中导入（导出）IFC格式文件的方式如下所述。

✪ 01点击应用程序菜单按钮，在弹出的列表中选择"打开"|"IFC"选项，如图 1-55所示，在【打开IFC文件】对话框中选择文件，点击"打开"按钮打开文件。

✪ 02在应用程序菜单列表中选择"导出"|"IFC"选项，在【导出IFC】对话框中选择文件类型，如图1-56所示，点击"保存"按钮，可将文件以指定的格式导出。

图 1-55　应用程序菜单列表

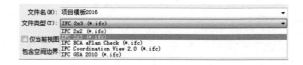

图 1-56　选择 IFC 文件

6. 图像

在Revit中可以导入光栅图像，例如".bmp"".png"格式的图像。选择"插入"选项卡，在"导入"面板中单击"图像"按钮，如图 1-57所示，在【导入图像】对话框中选择文件类型，如图 1-58所示，点击"打开"按钮，可以导入指定格式的图像文件。

点击"管理图像"按钮，在【管理图像】对话框中选择待删除的光栅图像，单击"删除"按钮，可以将导入的图像删除。

图 1-57　"导入"面板

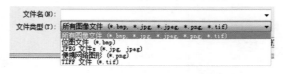

图 1-58　选择文件类型

7. gbXML文件

在gbXML中，"gb"是"Green Building"的缩写形式，"XML"是"Extensible Markup Language"的缩写形式。综合来说，gbXML是绿色建筑可扩展的标记语言，包含了项目所有的建筑构件数据。

选择"插入"选项卡，在"导入"面板中点击"导入gbXML"按钮，在【导入gbXML】对话框中选择文件，点击"打开"按钮，可以导入文件。

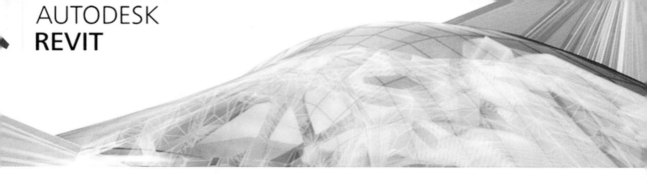

第2章

尺寸与文字标注

在Revit MEP中选择"注释"选项卡，会显示多个面板，有"尺寸标注"面板、"详图"面板、"文字"面板、"标记"面板等。本章介绍其中两个面板，即"尺寸标注"面板与"文字"面板中注释工具的使用方式。在Revit中开展项目设计，必须学会使用这两个注释工具。

2.1 创建尺寸标注

在"尺寸标注"面板上显示多个尺寸标注工具，有"对齐""线性""角度"等，其中"对齐"标注最常使用，本节介绍各类尺寸标注工具的使用方式。

2.1.1 对齐

选择"注释"选项卡，在"尺寸标注"面板上点击"对齐"命令按钮，如图 2-1 所示，可启用命令。然后进入"修改|放置尺寸标注"选项卡，如图 2-2 所示。

在"修改|放置尺寸标注"选项卡中，"尺寸标注"面板上显示各尺寸标注工具按钮，点击按钮，可放弃线性标注工具的选择，并同时启用其他工具来创建尺寸标注。

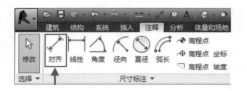

图 2-1 点击"对齐"命令按钮

图 2-2 "修改|放置尺寸标注"选项卡

在选项栏中可选择尺寸标注参照线的类型以及参照点的类型，如图 2-3 所示。默认选择"参照墙中心线"选项，将鼠标指针置于墙体上，显示墙体中心线（虚线显示），如图 2-4 所示。在"拾取"选项中默认选择"单个参照点"选项，通过指定平行参照点，创建参照点之间的尺寸标注。

图 2-3 选项列表

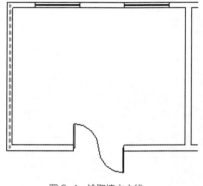

图 2-4 拾取墙中心线

> **提示**
>
> 在"修改/放置尺寸标注"选项卡中，其显示样式为经过取舍操作后的结果。在软件界面中，"修改/放置尺寸标注"选项栏应位于绘图区域的左上角，"选择"面板的下侧。

墙体中心线高亮显示后单击鼠标左键可完成拾取操作，移动鼠标，在另一平行参照点单击鼠标左键，可创建两个参照点之间的距离标注。连续点击以拾取参照点，可创建多点之间的尺寸标注，如图 2-5 所示。

单击选中尺寸标注，在尺寸标注的下方显示"解锁"符号，点击符号，则显示"锁定"符号。需注意的是，尺寸标注所标注的区域长度不可改变，例如锁定门距墙的尺寸标注后，门与墙的间距便不可更改。选中门图元，与其对应的尺寸标注文字显示为黑色，如图 2-6 所示，显示当前处于锁定状态。点击"锁定"符号可以解锁，然后便可更改门的位置。

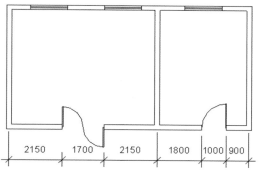

图 2-5 对齐标注

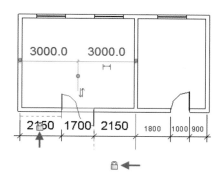

图 2-6 锁定尺寸标注

在对齐标注文字上双击鼠标左键，调出如图 2-7所示的【尺寸标注文字】对话框，在"前缀"或"后缀"输入栏中输入文字，单击"确定"按钮，可在尺寸标注文字上添加前缀文字或后缀文字。

选择对齐标注，进入"修改|尺寸标注"选项卡，如图 2-8所示。单击"编辑尺寸界线"按钮，选择参照物并在空白区域单击鼠标左键，可在原有对齐标注的基础上再创建新的尺寸标注。选择"引线"选项，在拖曳文字至其他位置时，可以同时绘制引线连接文字与尺寸线。

图 2-7 【尺寸标注文字】对话框

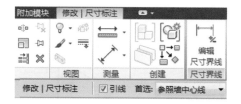

图 2-8 "修改|尺寸标注"选项卡

提示

输入"DI"快捷键可以启用"对齐"标注命令。

2.1.2 线性

在"尺寸标注"面板上点击"线性"命令按钮，进入"修改|放置尺寸标注"选项卡，在图元上点击指定参照点，创建水平或者垂直尺寸标注，如图 2-9所示。在放置尺寸标注的过程中，按下空格键可在垂直尺寸标注与水平尺寸标注之间切换。

2.1.3 角度

点击"尺寸标注"面板上的"角度"命令按钮，进入"修改|放置尺寸标注"选项卡，在选项栏中选择"参照墙中心线"选项，点击选择墙体，拾取墙体中心线，在空白区域单击鼠标左键，可以创建角度标注，如图 2-10所示。

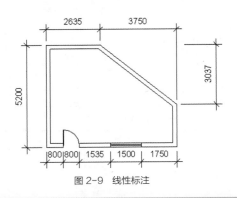

图 2-9　线性标注

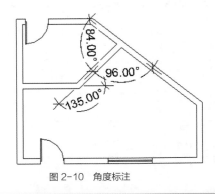

图 2-10　角度标注

2.1.4　径向

点击"尺寸标注"面板上的"径向"命令按钮 ⟨，在"修改|放置尺寸标注"选项栏上选择"参照墙中心线"选项，点击拾取弧墙，显示其墙体中心线，在空白区域单击鼠标左键，标注弧墙半径如图 2-11所示。

2.1.5　直径

单击"尺寸标注"面板上的"直径"命令按钮 ⟨，拾取圆或者圆弧，可以创建其直径标注，如图 2-12所示。直径标注中文字前显示直径符号，而尺寸界线以实心箭头表示。

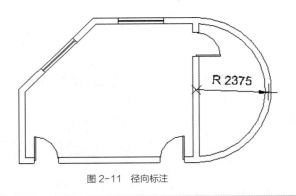

图 2-11　径向标注

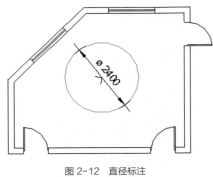

图 2-12　直径标注

2.1.6　弧长

点击"尺寸标注"面板上的"弧长"命令按钮 ⟨，在"修改|放置尺寸标注"选项栏中选择"参照墙面"选项，然后依次单击弧墙的内墙线、与弧墙相接的水平墙体的内墙线、与弧墙相接的垂直墙体的内墙线，而后在空白区域单击鼠标左键，即绘制弧长标注如图 2-13所示。

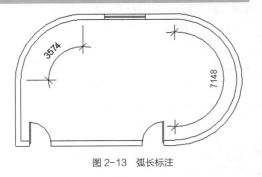

图 2-13　弧长标注

2.1.7　高程点

点击"尺寸标注"面板上的"高程点"命令按钮 ⟨，在"修改|放置尺寸标注"选项栏上选择"引线"以及"水平段"选项，如图 2-14所示，在"相对于基面"选项中选择"当前标高"（也可在列表中选择其他标高）。

指定测量点，向上移动鼠标，单击鼠标左键，指定引线的位置，接着向右移动鼠标，单击鼠标左键指定水平段的位置，绘制高程点标注的结果如图2-15所示。

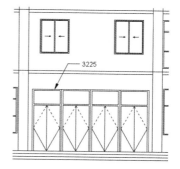

图 2-15 高程点标注

图 2-14 "修改|放置尺寸标注"选项栏

取消选择"引线""水平段"选项，高程点标注直接标注在指定的测量点上，图元线段会自动隐藏，不与标注发生遮挡，如图2-16所示。

2.1.8 高程点坐标

点击"尺寸标注"面板上的"高程点坐标"命令按钮 ⊕，在"修改|放置尺寸标注"选项栏上分别选择"引线"与"水平段"选项，参照"高程点"标注的做法，依次指定引线以及水平段的位置，为指定的测量点创建"北/南"和"东/西"坐标标注，如图2-17所示。

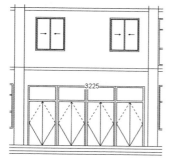

图 2-16 直接标注在测量点上

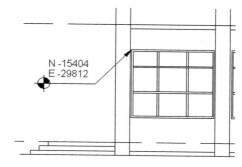

图 2-17 高程点坐标

2.1.9 高程点坡度

点击"尺寸标注"面板上的"高程点坡度"命令按钮 ⊿，在坡道上点击指定测量点，可创建高程点坡度标注，如图 2-18所示。转换至立面视图，启用"高程点坡度"命令，单击鼠标左键指定测量点，也可创建高程点坡度标注，如图2-19所示。

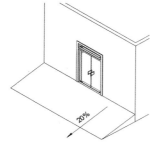

图 2-18 三维视图

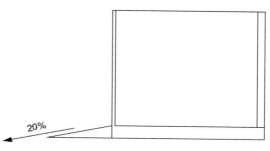

图 2-19 立面视图

2.1.10 设置尺寸标注类型

点击"尺寸标注"面板名称右侧的向下实心箭头，调出如图 2-20所示的列表，单击列表中的命令，调出【类型属性】对话框。如单击"线型尺寸标注类型"选项，调出线性尺寸标注的【类型属性】对话框，如图2-21所示。

在【类型属性】对话框中的"类型参数"列表中会显示"图形"选项组、"文字"选项组、"其他"选项组，修改选项组中的参数，可以控制线性标注的显示样式。

图 2-20　命令列表　　　　　　　　　　　　图 2-21　【类型属性】对话框

同理，点击列表中的其他命令，可调出与选定的尺寸标注相对应的【类型属性】对话框，修改其中的参数，仅影响该类型尺寸标注，而对其他类型的尺寸标注不造成影响。

此外，选择尺寸标注，在"属性"选项板中显示该尺寸标注的属性参数，如图 2-22所示。单击"编辑类型"按钮，调出【类型属性】对话框，修改参数以控制尺寸标注的显示效果。

图 2-22　"属性"选项板

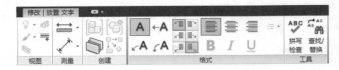

图 2-23　"修改 | 放置文字"选项卡

2.2　创建文字标注

Revit可以创建两种类型的文字，一种是模型文字，以三维样式显示，另一种是标注文字，主要以二维样式来显示。本节介绍"注释"选项卡中"文字"面板中相关命令的使用方式。

2.2.1 文字

单击"文字"面板上的"文字"按钮 **A**，进入"修改|放置文字"选项卡，如图 2-23所示，在"格式"面板中提供多种工具以编辑文字样式。

在"属性"选项板中单击"编辑类型"按钮，如图 2-24所示，调出【类型属性】对话框。在对话框中的"图形"选项组与"文字"选项组中设置文字样式参数，如图 2-25所示。单击"确定"按钮关闭对话框，可按照所设定的样式来绘制文字标注。

图 2-24　"属性"选项板

图 2-25　【类型属性】对话框

1. 添加引线

在"修改|放置文字"选项卡中的"格式"面板中单击"一段"按钮 ←**A**，单击鼠标左键指定引线的起点，向右移动鼠标，单击左键显示闪烁光标，开始输入标注文字，文字输入完毕后，在空白处单击左键，退出命令，绘制引线文字如图 2-26所示。

单击"二段引线"按钮，依次绘制引线以及水平段，连接图元与标注文字，如图 2-27所示。

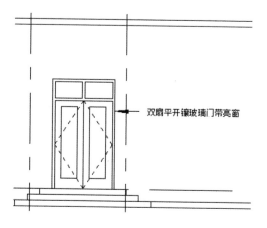

图 2-26　一段引线

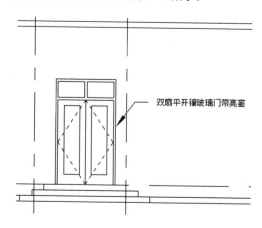

图 2-27　二段引线

单击"曲线形"按钮 ←**A**，绘制弯曲线段，将引线文字添加至指定的位置，如图 2-28所示。

单击"无引线"按钮 **A**，指定位置单击左键，显示闪烁光标，此时可输入文字。单击空白区域完成输入操作，文字无引线，应放置在需要标注的图元附近，以免发生混淆，如图 2-29所示。

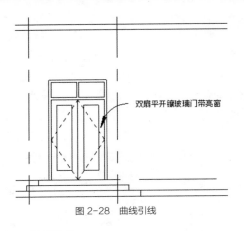

图 2-28 曲线引线

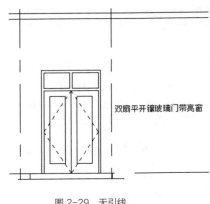

图 2-29 无引线

2. 对正样式

在"格式"面板上点击"左对齐"按钮▤，使得选中的文字与左侧页边对齐，如图 2-30所示。

选择"居中对齐"按钮▤，在页边距之间以均匀的距离布置文字，如图 2-31所示。

基准图元的类别
轴网：有限平面，可在立面视图中拖曳范围，以便不
与标高线相交。
标高：无限水平平面，作为屋顶、楼板和天花板等以
层为主体的图元的参照。
参照平面：辅助工具，为定位、绘制轮廓线条提供参
照。

图 2-30 左对齐

基准图元的类别
轴网：有限平面，可在立面视图中拖曳范围，以便不
与标高线相交。
标高：无限水平平面，作为屋顶、楼板和天花板等以
层为主体的图元的参照。
参照平面：辅助工具，为定位、绘制轮廓线条提供参
照。

图 2-31 居中对齐

点击"右对齐"按钮▤，调整文字的对齐样式，使其与右侧页边对齐，如图 2-32所示。

点击"段落格式"按钮▤，调出格式列表，如图 2-33所示，可选择为段落添加项目符号、数字或字母等。

基准图元的类别
轴网：有限平面，可在立面视图中拖曳范围，以便不
与标高线相交。
标高：无限水平平面，作为屋顶、楼板和天花板等以
层为主体的图元的参照。
参照平面：辅助工具，为定位、绘制轮廓线条提供参
照。

图 2-32 右对齐

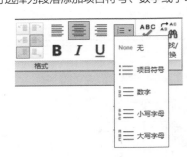

图 2-33 样式列表

为段落设置格式，可以使主体内容突出，方便识读或者统计。图 2-34、图 2-35所示为段落添加"项目符号"和"数字"格式后的显示效果。

基准图元的类别：
- 轴网：有限平面，可在立面视图中拖曳范围，以便不与标高线相交。
- 标高：无限水平平面，作为屋顶、楼板和天花板等以层为主体的图元的参照。
- 参照平面：辅助工具，为定位、绘制轮廓线条提供参照。

图 2-34 添加项目符号

基准图元的类别：
1. 轴网：有限平面，可在立面视图中拖曳范围，以便不与标高线相交。
2. 标高：无限水平平面，作为屋顶、楼板和天花板等以层为主体的图元的参照。
3. 参照平面：辅助工具，为定位、绘制轮廓线条提供参照。

图 2-35 添加数字

3. 显示样式

在段落中选择文字，点击"格式"面板上的"加粗"按钮**B**，可使选中的文字粗显，如图 2-36所示。点击"斜体"按钮，可将斜体应用到所选定的文字上，如图 2-37所示。

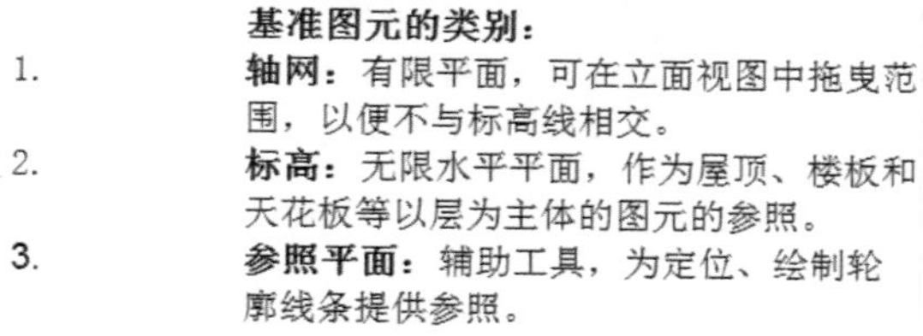

基准图元的类别:
1. **轴网:** 有限平面，可在立面视图中拖曳范围，以便不与标高线相交。
2. **标高:** 无限水平平面，作为屋顶、楼板和天花板等以层为主体的图元的参照。
3. **参照平面:** 辅助工具，为定位、绘制轮廓线条提供参照。

图 2-36　加粗文字

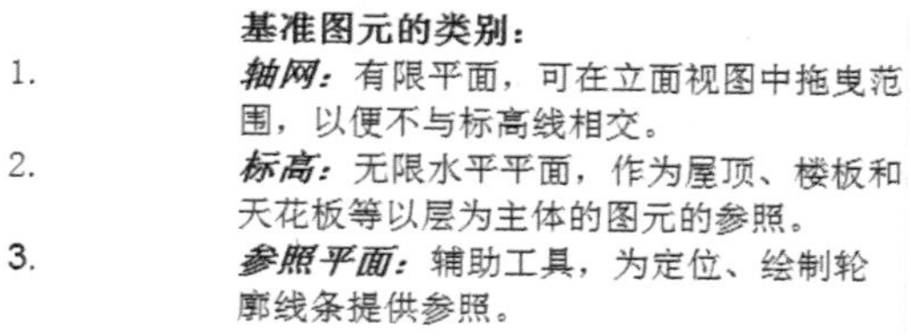

基准图元的类别:
1. *轴网:* 有限平面，可在立面视图中拖曳范围，以便不与标高线相交。
2. *标高:* 无限水平平面，作为屋顶、楼板和天花板等以层为主体的图元的参照。
3. *参照平面:* 辅助工具，为定位、绘制轮廓线条提供参照。

图 2-37　添加斜体

保持文字的选择状态，点击"下划线"按钮**U**，为文字添加下划线的效果如图 2-38所示。在段落文字中，为文字设置不同的显示样式，可以突出重点文字。

4. 编辑文字

选择段落文字，显示控制柄，如图 2-39所示。点击激活控制柄，可编辑文字，改变显示样式。点击激活左上角的"移动"符号，按住鼠标左键不放，移动鼠标以调整段落文字的位置。

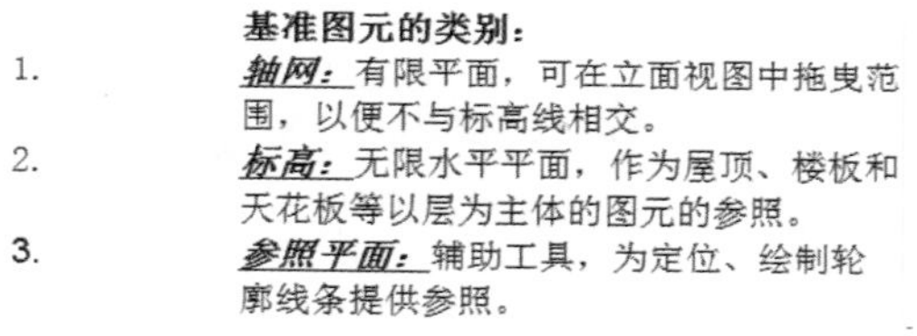

基准图元的类别:
1. <u>*轴网:*</u> 有限平面，可在立面视图中拖曳范围，以便不与标高线相交。
2. <u>*标高:*</u> 无限水平平面，作为屋顶、楼板和天花板等以层为主体的图元的参照。
3. <u>*参照平面:*</u> 辅助工具，为定位、绘制轮廓线条提供参照。

图 2-38　添加下划线

图 2-39　显示控制柄

激活"旋转"符号，按住鼠标左键不放，移动鼠标，旋转段落文字。激活"拖曳"夹点，按住鼠标左键不放，移动鼠标，调整文字输入框的大小，控制段落文字的排列方式。

与段落文字相同，选择引线文字标注时，同样显示控制柄，如图 2-40所示。引线上显示三个拖曳点，一个位于箭头端点，一个位于引线端点，另一个位于水平线段的端点。激活拖曳点，通过调整拖曳点的位置，调整引线的显示样式。

选择文字标注，进入"修改|文字注释"选项卡，如图 2-41所示。在"格式"面板上显示添加引线的工具按钮，点击按钮，可为文字标注添加指定样式的引线。

图 2-40　引线文字

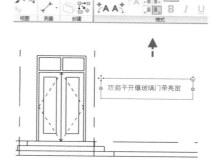

图 2-41　"修改 | 文字注释"选项卡

选择引线文字标注，在"修改|文字注释"选项卡中高亮显示"删除最后一条引线"按钮，如图 2-42所示，点击按钮，可将文字标注中的引线删除。

同时，在"属性"选项板中也显示引线文字的属性参数，如图 2-43所示。在"图形"选项组下修改参数，控制引线文字的显示样式。

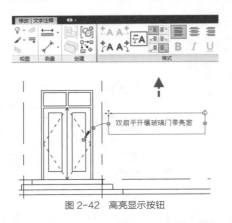

图 2-42　高亮显示按钮

图 2-43　"属性"选项板

2.2.2 拼写检查

在"文字"面板上点击"拼写检查"按钮，开始对当前视图中的文字注释开展拼写检查工作。检查完毕后，调出如图 2-44 所示的提示对话框，提醒用户已完成拼写检查。

启用"文字"命令A后，在"修改|放置文字"选项卡中的"工具"面板上点击"拼写检查"按钮，也可开启拼写检查操作。

2.2.3 查找/替换

点击"文字"面板上的"查找/替换"按钮，调出【查找/替换】对话框。在"查找"栏中输入内容，点击"查找全部"按钮，可在"范围"列表中显示查找结果，如图 2-45 所示。在列表中可以显示指定查找内容的对应位置以及视图类型。

图 2-44　提示对话框

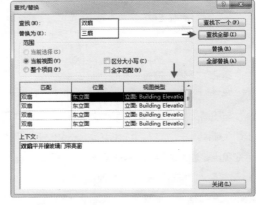

图 2-45　【查找 / 替换】对话框

点击"全部替换"按钮，可将"替换为"栏中文字替换"查找"文字。同时系统调出如图 2-46 所示的提示对话框，提醒用户已完成替换操作。

图 2-46　提示对话框

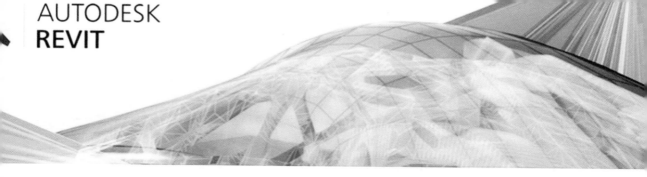

第3章

创建标记与图例

Revit中的"标记"面板包含多种创建标记的工具，可以绘制多种类型的标记，例如门标记、窗标记、材质标记等。为图元创建标记，可以标注图元的属性或者名称。图例的类型有风管图例、管道图例以及颜色填充图例，通过放置图例，可以指示相对应图元关联的颜色填充。

本章介绍创建标记与图例的操作方法。

3.1 创建标记

标记可单独创建，也可在放置图元时随同创建。例如在放置门、窗图元时，可以自定义是否需要随同创建标记。本节介绍自定义图元标记的操作方法。

3.1.1 按类别标记

选择"注释"选项卡，点击"标记"面板上的"按类别标记"按钮「①，如图 3-1所示，进入"修改|标记"选项卡，在绘图区域中单击要标记的对象，可按照图元的类别将标记附着到图元中。

图 3-1 "注释"选项卡

1. 绘制标记

在选项栏中选择"引线"选项，在列表中选择"附着端点"，如图 3-2所示。点击门图元与窗图元为标记对象，可创建与其相对应的类型标记，结果如图 3-3所示。

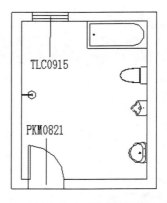

图 3-2 "修改 | 标记"选项卡

图 3-3 创建门窗标记

点击卫浴设备，如台盆，为其创建标记。结束创建标记操作后发现标记符号以问号"？"显示，如图 3-4所示。此时选中标记，在"？"上单击鼠标左键进入在位编辑状态，在其中输入标记文字，如图 3-5所示。

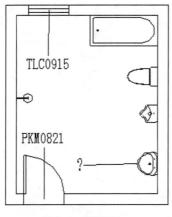

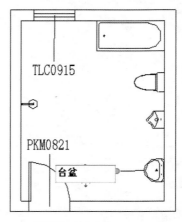

图 3-4 创建标记

图 3-5 输入文字

然后在空白区域单击鼠标左键,弹出如图 3-6所示的提示对话框,点击"是"按钮关闭对话框,绘制标记文字的结果如图 3-7所示。

图 3-6 提示对话框

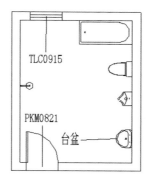

图 3-7 修改结果

为图元指定标记后,再次执行创建标记命令,系统根据对该图元标记的历史记录,创建与图元相对应的标记。在拾取图元时,可以预览标记的创建结果,如图 3-8所示。需注意的是,该标记的样式与用户上一次修改的结果该相同。重复该操作,为其他卫浴设备创建类别标记,结果如图 3-9所示。

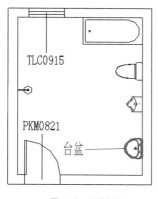

图 3-8 预览标记

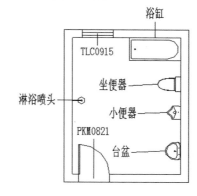

图 3-9 创建卫浴设备标记

2. 编辑标记

选择卫浴装置设备的标记,进入"修改|卫浴装置标记"选项卡,如图 3-10所示。点击"模式"面板上的"编辑族"按钮,进入族编辑器,在编辑器中编辑修改标记,可将其保存至计算机中,同时载入到当前项目文件中来使用。

在选项栏中设置标记文字的方向,有"水平"与"垂直"两种方式供选择。选择"引线"选项,激活右侧的选项,在列表中指定引线端点的样式。

图 3-10 "修改 | 卫浴装置标记"选项卡

在"属性"选项板中选择是否在标记中显示引线,以及设置标记文字的方向,如图 3-11所示,与选项栏相同。调出列表,在列表中选择标记样式,更改当前选中标记的样式。

点击"编辑类型"按钮，调出【类型属性】对话框，如图 3-12所示。点击"复制"按钮，在【名称】对话框中设置参数，新建一个标记类型。在"引线箭头"选项列表中显示各类箭头样式，选择其中一项将其赋予指定的标记。

图 3-11 "属性"选项板

图 3-12 【类型属性】对话框

3.1.2 全部标记

点击"标记"面板上的"全部标记"按钮，调出【标记所有未标记的对象】对话框，如图 3-13所示。在列表中显示当前项目文件中包含的所有标记，例如专业设备标记与停车场标记等。默认选择"当前所有视图中的所有对象"选项，在列表中选择选项后，可标记当前视图中未标记的对象。

选择"包括链接文件中的图元"选项，可对链接模型开展标记操作。

选择类别，在"载入的标记"单元格中显示类别标记，点击"确定"按钮，可按选定的标记类型标记图元。有些类别包含多个标记，点击"载入的标记"单元格右侧的向下实心三角形按钮，调出标记列表，如图3-14所示。选择列表中的标记，控制所创建标记的类型。

图 3-13 【标记所有未标记的对象】对话框

图 3-14 标记列表

选择"引线"选项，分别设置"引线长度"与"标记方向"选项参数，绘制引线连接标记与图元，如图3-15所示。默认取消选择"引线"选项，标记以编号或者文字显示，如图3-16所示。

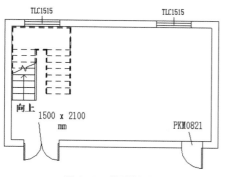

图 3-15　带引线的标记

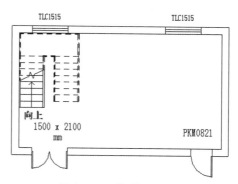

图 3-16　不带引线的标记

在【标记所有未标记的对象】对话框中按住< Ctrl >键选择指定的选项，如图 3-17 所示。点击"应用"按钮对当前视图的图元执行创建标记操作，点击"确定"按钮关闭对话框，创建标记如图 3-18 所示。

图 3-17　选择标记类型

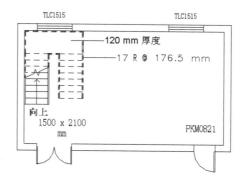

图 3-18　创建标记

3.1.3 材质标记

在"标记"面板上点击"材质标记"按钮，进入"修改|标记材质"选项卡，如图 3-19 所示。在绘图区域中点击选定图元，所创建的材质标记注明图元的材质类型。

启用命令后，将鼠标指针置于楼板上，楼板轮廓线则高亮显示，同时可预览材质标记的创建效果，如图 3-20 所示。

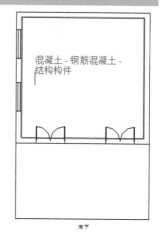

图 3-19　"修改 | 标记材质"选项卡

图 3-20　指定图元

单击鼠标左键指定引线的起点，向上移动鼠标，单击鼠标左键指定水平段的起点，向右移动鼠标，单击鼠标左键指定文字的放置点，绘制楼板材质标记的结果如图 3-21 所示。

重复指定墙体以及坡道，为其创建材质标记，结果如图 3-22 所示。

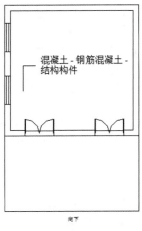

图 3-21　创建标记

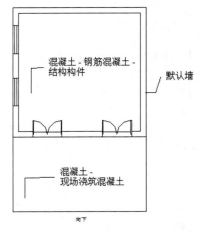

图 3-22　材质标记

3.1.4　房间标记

　　点击"标记"面板上的"房间标记"按钮⬚，进入"修改|放置房间标记"选项卡，此时房间以蓝色的填充样式显示，并在房间轮廓内显示对角线，如图 3-23所示。

　　将鼠标指针置于其中一个房间内，可预览房间名称以及房间面积标注文字，如图 3-24所示。

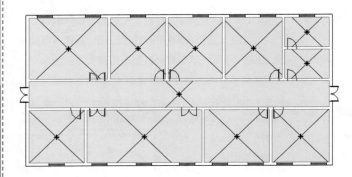

图 3-23　蓝色填充样式

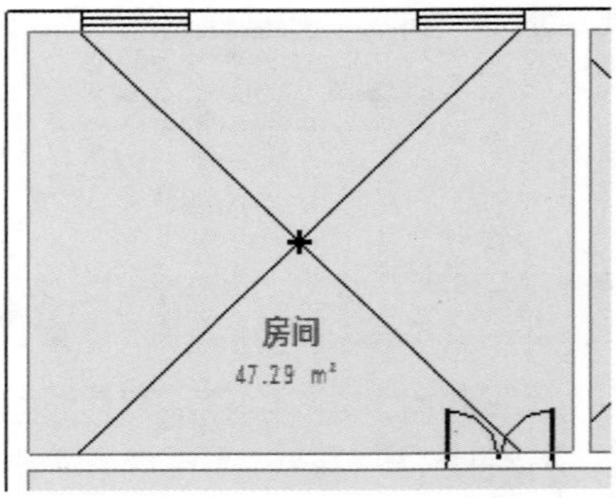

图 3-24　预览标记

　　单击鼠标左键，在指定的房间内创建房间标记，包含房间名称以及面积标注文字，如图 3-25所示。连续在各房间内单击鼠标左键，创建房间标记的结果如图 3-26所示。

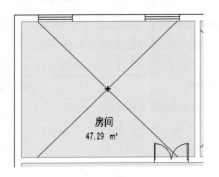

图 3-25　创建房间标记

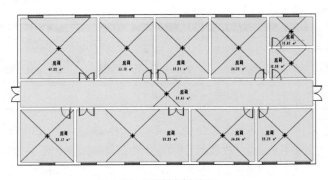

图 3-26　连续创建房间标记

选择房间标记，点击房间名称，进入在位编辑状态，如图 3-27所示。输入房间名称，在空白区域单击鼠标左键，退出操作，可以修改房间名称，如图 3-28所示。面积标注文字为系统计算房间面积后的结果，通常不做修改。

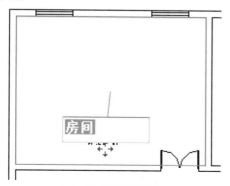

图 3-27　在位编辑状态　　　　　　　　　　　　图 3-28　修改结果

继续修改房间名称，可以使各房间功能分区一目了然，如图 3-29所示。

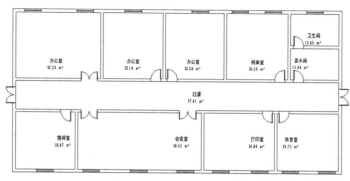

图 3-29　修改房间名称

提示

必须执行"房间"命令，创建以模型图元和分隔线为界线的房间后，才可为房间创建标记。

3.1.5　面积标记

在创建面积标记之前，首先需要创建面积平面视图。选择"建筑"选项卡，点击"房间和面积"面板上的"面积"命令按钮▨，在列表中选择"面积平面"选项，如图 3-30所示。

图 3-30　选择"面积平面"选项

调出【新建面积平面】对话框，点击"类型"选项，在列表中显示可创建的面积平面视图类型，默认选择"出租面积"选项，选择平面视图，如"F1"，如图 3-31所示，点击"确定"按钮，创建面积平面视图。

在项目浏览器中点击展开"面积平面（出租面积）"，列表中显示已创建的面积平面视图，如图 3-32所示。

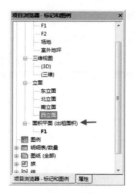

图 3-31 【新建面积平面】对话框　　　　　　　　　　图 3-32 创建面积平面视图

选择"注释"选项卡，"标记"面板上的"面积 标记"命令按钮 🔳 高亮显示，如图 3-33所示，点击命令按钮，进入"修改|放置面积标记"选项卡，绘图区域中的房间以粉色填充样式显示，在房间内单击鼠标左键，创建面积标记，如图 3-34所示。

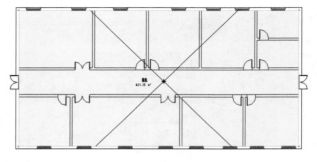

图 3-33 "标记"面板　　　　　　　　　　图 3-34 创建面积标记

面积标记的默认名称为"面积"，双击鼠标点击该名称，进入在位编辑状态，修改面积名称为"出租面积"，点击空白区域完成修改操作，结果如图 3-35所示。

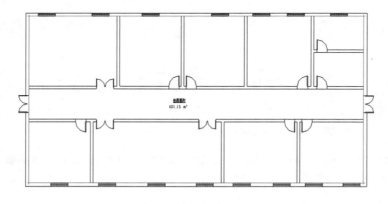

图 3-35 修改面积名称

提示

在"建筑"选项卡中的"房间和面积"面板中同样提供了"面积标记"工具，与"注释"选项卡中"标记"面板中的"面积标记"工具不同的是，该"面积标记"工具提供了"标记所有未标记的对象"选项，可对多个房间面积执行创建面积标记的操作。

3.2 颜色填充图例

选择"建筑"选项卡，点击"房间和面积"面板名称，在弹出的列表中选择"颜色方案"选项，如图 3-36 所示。调出【编辑颜色方案】对话框，在"类别"选项中选择"房间"选项，点击"颜色"选项，在列表中选择"名称"选项，此时系统调出【不保留颜色】对话框，如图 3-37 所示，点击"是"按钮关闭对话框。

图 3-36　选择"颜色方案"选项

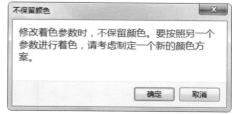

图 3-37　【不保留颜色】对话框

在列表中显示各值相对应的颜色类型以及填充样式，并在"预览"单元格中显示填充样式效果。点击"颜色"单元格，调出【颜色】对话框，在对话框中更改颜色的种类。点击"填充样式"单元格，在调出的列表中显示各种填充样式，如图 3-38 所示。

分别设置填充颜色以及填充样式，如图 3-39 所示。

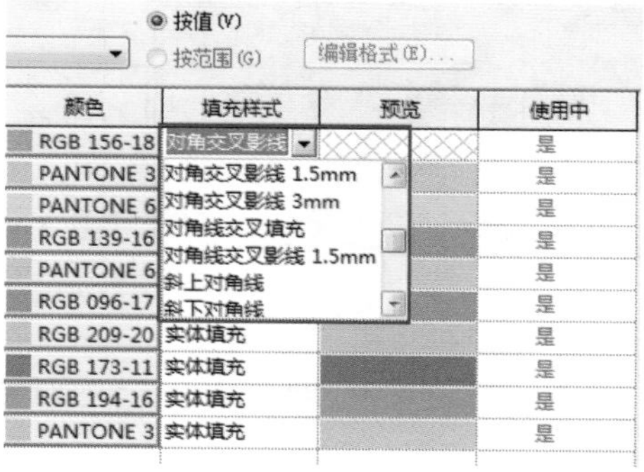

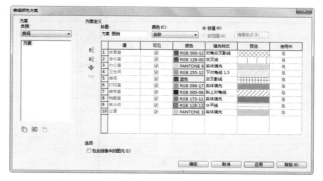

图 3-38　样式列表

图 3-39　设置参数

点击"确定"按钮，按照所指定的颜色以及样式填充房间，如图 3-40 所示。选择"注释"选项卡，点击"颜色填充"面板上的"颜色填充 图例"按钮，如图 3-41 所示。

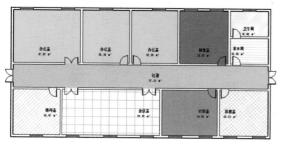

图 3-40　填充房间区域

图 3-41　"颜色填充"面板

在绘图区域中单击鼠标左键，调出如所示的【选择空间类型和颜色方案】对话框，选择"空间类型"为"房间"，如图 3-42 所示，点击"确定"按钮关闭对话框，在绘图区域中创建颜色图例。

选择颜色图例，在"属性"选项板中点击"编辑类型"按钮，如图 3-43 所示，可调出【类型属性】对话框。

图 3-42　设置参数　　　　　　　　　　　　　　图 3-43　"属性"选项板

在"显示的值"选项中选择"按视图",勾选"显示标题"选项,如图 3-44所示。点击"确定"按钮,观察填充图例的变化,如图 3-45所示。

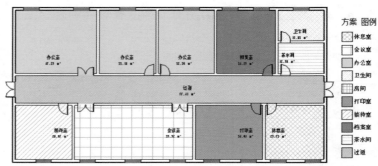

图 3-44　【类型属性】对话框　　　　　　　　　　图 3-45　显示图例标题

系统默认图例填充的样式为"实体填充",用户也可按照默认值来创建颜色图例。图 3-46所示为按照默认值来创建的颜色填充图例。

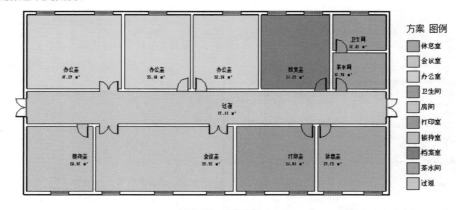

图 3-46　方案图例

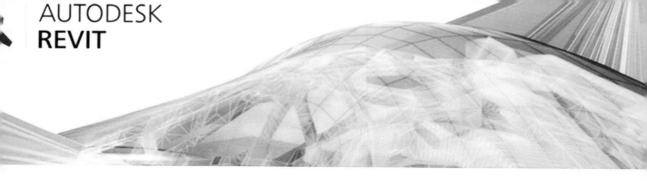

AUTODESK
REVIT

第4章

对象管理与控制视图

图元对象的属性包括线型、线宽以及颜色等，通过设置对象样式参数，控制对象在视图中的显示效果。视图的类型有平面视图、立面视图以及剖面视图，管理视图的方式有设置视图属性或者以样板创建视图等，本章介绍管理对象及控制视图的操作方法。

4.1 管理对象样式

图元对象主要由线组成，通过设置线样式，可以控制图元对象的显示效果。线样式包含的属性有线宽、线颜色以及线型图案，设置线样式主要是更改这些属性的参数。

4.1.1 设置线宽

选择"管理"选项卡，点击"设置"面板上的"其他设置"按钮 🔧，在列表中选择"线宽"选项，如图 4-1 所示，同时调出【线宽】对话框。

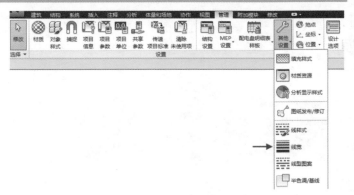

图 4-1 选择"线宽"选项

【线宽】对话框中包含三个选项卡，分别是"模型线宽"选项卡、"透视视图线宽"选项卡、"注释线宽"选项卡，如图 4-2所示。

图 4-2 【线宽】对话框

图 4-3 【添加比例】对话框

默认选择"模型线宽"选项卡，在列表中显示16种不同的线宽类型。在各视图比例下包含各种不同的线宽类型，控制在该视图比例下模型对象（例如墙、门窗等图元对象）的线宽显示效果。

点击"添加"按钮，调出【添加比例】对话框。点击调出比例列表，选择其中一个比例，如图 4-3所示，点击"确定"按钮，可新建比例表列。

新建表列位于表格后面，向右滑动水平滑块，查看新建列，如图 4-4所示。点击线宽单元格，进入在位编辑状态，在其中修改线宽值。

假如视图比例为1:20，为图元对象选择"2号"线宽，则图元对象的线宽为0.2500mm；选择"3号"线宽，图元对象的线宽更改为0.4500mm，以此类推。

选择表列，点击"删除"按钮，将其删除。

要修改透视视图中图元对象的线宽，需要转换至"透视视图线宽"选项卡，如图 4-5所示。在选项卡中同样提供16种线宽供用户选择，但是不提供视图比例，用户可自定义线宽参数。

图 4-4 新建表列

图 4-5 "透视视图线宽"选项卡

选择"注释线宽"选项卡，如图 4-6所示，在表格中提供16种不同的线宽，用来控制剖面以及尺寸标注等对象的线宽，用户可修改线宽参数。

图 4-6 "注释线宽"选项卡

4.1.2 设置线型图案

在"其他设置"列表中选择"线型图案"选项，调出【线型图案】对话框，如图 4-7所示。在对话框中显示各种类型的线型图案，由图案名称与图案样式组成。点击列表右侧的矩形滑块，按住鼠标左键不放向下移动，可以查看列表中其他样式的线型图案。

选择其中一个线型图案，点击"编辑"按钮，调出【线型图案属性】对话框，如图 4-8所示。在"名称"栏以及列表中显示线型图案的名称以及样式参数。用户修改名称或者样式参数后，点击"确定"按钮关闭对话框，可将修改结果显示在【线型图案】对话框中。

图 4-7 【线型图案】对话框

图 4-8 编辑线型图案

点击"新建"按钮，同样可以调出【线型图案属性】对话框。在"名称"栏中，系统提示"请在此处输入新名称"，用户删除该提示文字，为线型图案指定名称。

在列表中设置线型图案的"类型"以及"值"参数。单击编号为"1"的表行中的"类型"单元格,在列表中显示"划线"和"圆点"选项,如图 4-9所示,点击选择其中的一种。

然后在编号为"2"的表行中点击"类型"单元格,列表中仅提供"空间"选项供选择,如图 4-10所示。选择"空间"选项,在"值"单元格中设置空间间距。

图 4-9 "类型"样式 1

图 4-10 "类型"样式 2

图 4-11所示为选择"类型"为"划线"以及"圆点"线型图案的创建结果。"空间"的"值"表示划线与划线之间的间距或者圆点与圆点之间的间距。

通过在【线型图案属性】对话框中设置不同的"类型"以及"值"参数,可以得到多种不同的线型图案。

在【线型图案】对话框中选择其中一种图案,点击"删除"按钮,可将之删除。点击"重命名"按钮,调出如图 4-12所示的【重命名】对话框,在"新名称"栏中设置参数,单击"确定"按钮,可重命名选中的线型图案。

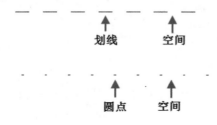

图 4-11 线型图案

图 4-12 【重命名】对话框

4.1.3 设置线样式

在"其他设置"列表中选择"线样式"选项,调出【线样式】对话框,如图 4-13所示,在其中创建或编辑线样式属性参数。

点击"线"选项前的"+",打开线样式列表。在"类别"表列中会显示多种类型的线样式,例如"中心线""已拆除""房间分隔"等。在"线宽""线颜色""线型图案"表列中会显示线样式参数。

在"线宽"单元格中单击鼠标左键,在调出的列表中显示线宽编号,选择编号,可启用与编号相对应的线宽。线宽的设置在【线宽】对话框中进行,具体情况请参考10.1.1小节内容的介绍。

点击"线型图案"单元格,调出图案列表,如图 4-14所示。选择图案样式,为指定线设置图案类型。线型图案在【线型图案】对话框与【线型图案属性】对话框中创建或者编辑,详细内容请参考10.1.2小节的介绍。

图 4-13 【线样式】对话框

图 4-14 选项列表

点击"线颜色"单元格，调出【颜色】对话框，如图 4-15所示。在"基本颜色"选项组下选择颜色，或者在右侧的颜色调色盘中单击鼠标左键来选择颜色，也可以在调色盘下方的选项中设置"红""黄""蓝"颜色来选择颜色。选定颜色后，点击"确定"按钮，完成修改颜色的操作。

线样式属性参数设置完成后，线在视图中按照所设定的属性来显示。例如将"中心线"的"线宽"设置为"1"，"线颜色"设置为"绿色"，"线型图案"为"实线"，在视图中，中心线以绿色的实线显示，其线宽编号为1，具体的线宽参数还需要根据视图比例来定。

点击"新建"按钮，调出【新建子类别】对话框，如图 4-16所示。在"名称"栏中设置线名称，点击"确定"按钮可以创建线样式。

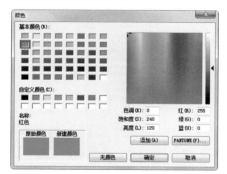

图 4-15 【颜色】对话框

图 4-16 【新建子类别】对话框

新创建的线样式显示系统赋予的默认值，即"线宽"编号为1，"颜色"为黑色，"线型图案"为实线，如图 4-17所示。用户可自定义线样式参数。

选择用户自行创建的线样式，"删除"按钮会高亮显示，点击按钮，调出【删除子类别】对话框，如图 4-18所示，询问用户是否执行"删除"操作，点击"是"按钮，删除线样式。

保持自建线样式选择状态不变，点击"重命名"按钮，调出【重命名】对话框，在其中可修改线样式名称。

图 4-17 新建线样式

图 4-18 【删除子类别】对话框

提示

系统默认创建的线样式不能执行"删除"与"重命名"操作。

4.1.4 设置对象样式

选择"管理"选项卡，点击"设置"面板上的"对象样式"按钮，如图 4-19所示，调出【对象样式】对话框，在其中设置线宽、颜色以及填充图案、注释对象和导入对象的材质。

图 4-19 点击"对象样式"按钮

【对象样式】对话框包括四个选项卡，依次是"模型对象"选项卡、"注释对象"选项卡、"分析模型对象"选项卡及"导入对象"选项卡，如图 4-20所示。

在"过滤器列表"上单击鼠标左键，调出的列表中显示过滤器的类型，如图 4-21所示。选择其中一项，例如选择"建筑"选项，则在列表中仅显示"建筑"模型对象。全部选择所有种类过滤器，在选项中将显示"<全部显示>"，而在列表中会显示所有种类的模型对象。

在"类别"表列中显示模型对象的名称，点击名称前的+，展开子类别列表。在列表中显示构成该模型对象的子类别，例如点击展开"体量"选项，在子类别列表中显示"体量内墙""体量分区"等子类别，可分别设置其对象样式参数。

图 4-20 【对象样式】对话框

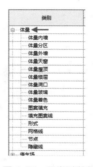

图 4-21 子类别列表

在"线宽"表列中包含两个子表列，分别是"投影"表列以及"截面"表列。在"投影"表列中设置投影线的线宽，在"截面"表列中设置截面线的线宽。点击单元格，在列表中选择线宽编号。

点击"线颜色"单元格，在【颜色】对话框中选择颜色，系统默认选择黑色。点击"线型图案"单元格，在列表中选择线型图案，如图 4-22所示。

在"材质"单元格中单击鼠标左键，在单元格右侧显示矩形按钮，点击按钮，调出【材质浏览器】对话框，如图 4-23所示。点击"项目材质：所有"按钮，调出材质列表，选择材质类型，在右侧的选项卡中设置参数，点击"确定"按钮，可为对象指定材质。

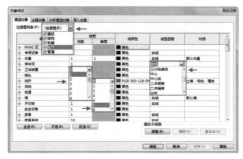

图 4-22 选项列表

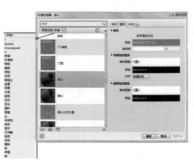

图 4-23 【材质浏览器】对话框

选择"注释对象"选项卡，在其中设置对象的投影线线宽、线颜色以及线型图案，如图 4-24所示。转换至"分析模型对象"选项卡，在"截面"表列以及"材质"表列中的参数设置受限制，沿用系统参数，不可自行更改，如图 4-25所示。但是可以选择"投影"线宽，设置"线颜色"以及"线型图案"。

图 4-24 "注释对象"选项卡

图 4-25 "分析模型对象"选项卡

进入"导入对象"选项卡，显示在"在族中导入"表列，点击展开列表，在其中显示导入的对象类别。假如存在从外部导入的DWG文件，则可显示导入图纸的名称，如图 4-26所示。

点击展开导入图纸的子类别列表，显示DWG图纸所包含的所有图层，如图 4-27所示。在"线宽""线颜色""线型图案"表列中设置图层属性参数。在"材质"表列中显示"渲染材质"参数，点击单元格中的矩形按钮调出【材质浏览器】对话框，在其中修改材质。

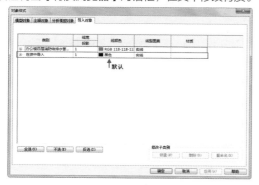

图 4-26 "导入对象"选项卡

图 4-27 显示导入对象

4.2 控制视图

在项目浏览器中查看当前项目文件所包含的视图类型，双击鼠标左键点击视图名称，可转换至该视图。通过设置视图属性，指定图元在视图中的显示效果。本节介绍控制视图的操作方法。

4.2.1 设置视图属性

在视图中不执行任何操作的情况下，在"属性"选项板中显示当前视图的属性，如图 4-28所示。"属性"选项板中包含"图形"选项组、"范围"选项组、"标识数据"选项组、"阶段化"选项组。

1. "图形"选项组

在"视图比例"选项中显示当前的视图比例，点击选项调出列表，如图 4-29所示，选择其中的比例以更改视图比例。点击"显示模型"选项，在调出的列表中显示模型的"显示样式"，分别为"标准""半色调""不显示"，可以选择选项更改模型的显示样式。

"详细程度"选项列表会提供视图的显示样式，即"粗略""中等""精细"，与在视图控制栏上点击"详细程度"按钮所调出的列表选项相同。

"零件可见性"选项列表中会提供零件的显示样式，有三个选项供用户选择，分别是"显示零件""显示原状态""显示两者"。

图 4-28 "属性"选项板

图 4-29 比例列表

点击"可见性/图形替换"选项后的"编辑"按钮，调出【可见性/图形替换】对话框，如图 4-30所示。在"可见性"列表中选择模型对象，则该对象在视图中可见。

勾选对象类别后，还需要点击类别名称前的"+"，来查看子类别是否已全部勾选，如图 4-31所示。需注意的是，未选择的子类别在视图中为不可见状态。

点击"详细程度"单元格，在列表中显示"详细程度"样式列表，有四种样式供用户选择，分别是"按视图""粗略""中等""精细"。选择"按视图"选项，模型的显示样式与视图中所设定的样式相同。选择除"按视图"样式以外的其他三种显示样式，模型按照对话框中所设定的样式在视图中显示，而不受视图设定的显示样式影响。系统默认为选择"按视图"显示样式。

图 4-30 【可见性 / 图形替换】对话框

图 4-31 子类别列表

在"图形显示选项"中单击"编辑"按钮，调出【图形显示选项】对话框，如图 4-32所示。在其中设置模型的显示样式等参数，为模型开启阴影显示后，在"阴影"选项组中设置阴影的显示方式。此外，在"勾绘线""照明""摄影曝光"选项组中设置参数以控制模型的显示效果。

在"基线"选项中选择作为基线的视图，"基线"视图是指在当前平面视图下显示的另外一个平面视图。如可在F1视图中查看"室外地坪"视图中的模型图元。"楼层平面视图"与"天花视图"都可作为基线视图。

选择基线视图后，在"基线方向"中选择方向类型，有"平面"与"天花板投影平面"两种方向供选择，如图 4-33 所示。

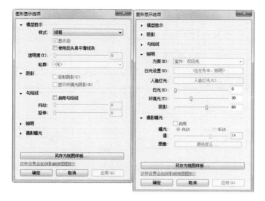

图 4-32 【图形显示选项】对话框　　　　　　　　图 4-33 选项列表

点击"方向"选项，在列表中提供两种模型朝向供选择，分别是"项目北"与"正北"，系统默认为选择"项目北"。

在"墙连接显示"选项中提供两种连接墙体的方式，一种为"清理所有墙连接"，系统默认为选择该项。另一种为"清理相同类型的墙连接"选项，其作用为仅清理同类型的墙体类型连接。

在"规程"列表中提供了规程种类，即项目的专业分类，包含"建筑""结构""机械""电气与卫浴""协调"，如图 4-34 所示。根据所选择的规程，在视图中显示该规程的对象类别，不属于本规程的图元对象或者以半色调的方式显示，或者被隐藏。

2. 设置"视图范围"

点击"范围"选项组下的"视图范围"选项后的"编辑"按钮，调出如图 4-35 所示的【视图范围】对话框。假如在"室外地坪"视图中创建散水模型，转换至 F1 视图后，则散水模型不可见，通过在【视图范围】对话框中设置标高参数，可使散水模型在 F1 视图中可见。

图 4-34 "规程"列表　　　　　　　　　　图 4-35 【视图范围】对话框

在"视图深度"选项组下的"标高"选项列表中选择"标高之下（室外地坪）"选项，在 F1 视图中可显示位于"室外地坪"视图中的散水模型，系统以红色的虚线显示散水模型。

以图 4-36 所示的立面视图为例，介绍【视图范围】对话框中各参数的含义。"主要范围"由"顶部平面""剖切面""底部平面"组成。"顶部平面"与"底部平面"限制了"视图范围"的顶部与底部位置。

"剖切面"是限定图元对象的可视剖切高度的平面，与"顶部平面"和"底部平面"共同规定视图的"主要范围"。

"视图深度"指"主要范围"以外的附加平面，通过更改视图深度的标高，控制位于底剪裁平面之下的图元的显示情况。系统默认将"视图深度"的标高与"底部平面"重叠，且"底部平面"不超过"视图深度"的范围。

位于"主要范围"与"视图深度"范围外的图元不能在视图中显示。在创建该图元后，系统调出提示对话框，提醒用户该图元在当前视图中不可见，需要设置"视图范围"或者"可见性/图形"参数。

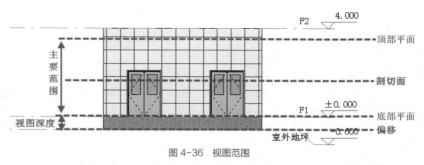

图 4-36　视图范围

4.2.2　视图过滤器

创建视图过滤器后，通过设置过滤条件，过滤符合条件的图元，还可按照过滤器来控制对象的显示、隐藏或者线型、线宽等。

复制视图，在视图副本中创建过滤器，需注意的是，在视图副本中所做的修改不影响原始视图。选择"视图"选项卡，在"创建"面板上点击"复制视图"命令按钮，会在列表中显示三种复制方法，如图 4-37所示。

三种复制方法的功能与区别如下所述：

"复制视图"选项：复制视图，创建的视图副本可独立设置可见性、过滤器、视图范围等属性，且在视图中仅显示项目模型图元。

"带细节复制"选项：不仅复制项目模型图元，还可复制所有的二维注释图元。在视图中添加注释信息，例如尺寸标注或文字标注，不会影响原始视图。同理，编辑修改原始视图也不会影响视图副本。

"复制作为相关"选项：在视图副本中显示原始视图中所做的更改，包括模型信息与二维注释信息。

选择"复制视图"选项，复制当前视图创建为副本。如选择F1视图为原始视图，可创建F1视图的副本，系统默认命名为"F1副本1"，并转换至该视图。在"图形"面板上点击"过滤器"按钮，如图 4-38所示，调出【过滤器】对话框。

图 4-37　"复制视图"列表

图 4-38　"图形"面板

点击"新建"按钮，调出【过滤器名称】对话框。设置"名称"，然后选择"定义条件"选项，如图 4-39所示。点击"确定"按钮，进入"过滤器"对话框。

在"类别"列表中选择"墙"选项，在"过滤条件"选项组中设置过滤条件，如图 4-40所示。点击"确定"按钮关闭对话框，完成创建过滤器的操作。

图 4-39　新建过滤器

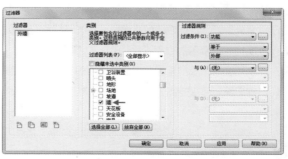

图 4-40　【过滤器】对话框

在"图形"面板上点击"可见性/图形"按钮，调出【可见性/图形替换】对话框。选择"过滤器"选项卡，点击"添加"按钮，调出【添加过滤器】对话框。点击选择过滤器，如图4-41所示，点击"确定"按钮，完成添加过滤器的操作。

在"截面"表列中点击"填充图案"单元格，调出【填充样式图形】对话框。点击"填充图案"选项，调出图案列表，选择图案样式，点击"确定"按钮关闭对话框，完成设置截面填充图案的操作，如图4-42所示。然后点击"确定"按钮关闭对话框。

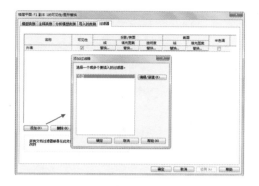

图4-41　添加过滤器

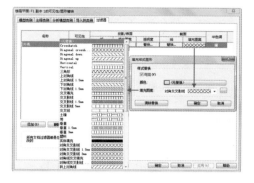

图4-42　设置填充图案

在视图中所有符合过滤器条件的"外墙"会以在过滤器中所设置的样式显示，如4-43所示为外墙的填充图案与在【可见性/图形替换】对话框中所选择的图案类型相同。

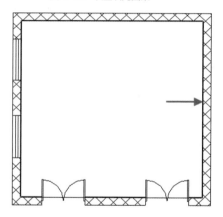

图4-43　外墙显示样式

> **提示**
>
> 通常情况下，使用视图过滤器前都会先创建视图副本，以与原始视图相对比。例如选择"复制视图"方式创建视图副本后，在视图副本中使用过滤来显示图形，或者图形被编辑都不会影响原始视图。

4.3　创建视图

在Revit中可使用视图样板创建视图，也可直接调用视图命令来创建视图，例如用"剖面"命令创建剖面视图。本节介绍创建视图的操作方法。

4.3.1　使用视图样板创建视图

使用视图样板创建视图，可将相同的视图属性（例如可见性、线型、线宽等）同时应用到多个视图。

选择"视图"选项卡，点击"图形"面板上的"视图样板"按钮，在列表中选择"从当前视图创建样板"选项，如图4-44所示，调出【新视图样板】对话框。

在"名称"栏中设置视图样板名称，如图4-45所示，点击"确定"按钮关闭对话框，完成新建视图样板的操作。

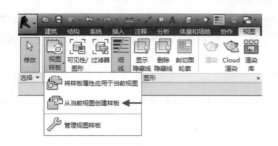

图 4-44 "视图样板"列表　　　　　　　　　　　　图 4-45 【新视图样板】对话框

　　然后调出【视图样板】对话框，新建的视图样板会显示在"名称"列表中，在"视图属性"列表中显示视图属性参数，这些参数继承了当前视图属性参数的设置，如图 4-46所示。

　　用户可在列表中修改视图属性参数，或者点击选项后的"编辑"按钮，调出相应的对话框，在其中修改属性参数。

　　转换视图，在"图形"面板上点击"视图样板"按钮，在列表中选择"将样板属性应用于当前视图"选项，调出【应用视图样板】对话框。在"名称"列表中选择视图样板，如图 4-47所示，点击"确定"按钮关闭对话框，可将选中的视图样板应用到当前视图中。

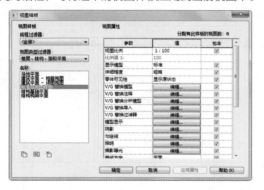

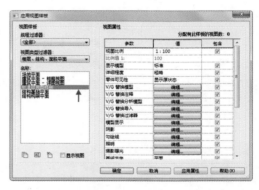

图 4-46 【视图样板】对话框　　　　　　　　　　图 4-47 【应用视图样板】对话框

　　在视图"属性"选项板中点击"标识数据"选项组下的"视图样板"选项后的矩形按钮，如图 4-48所示，调出【应用视图样板】对话框，选择视图样板后返回"属性"选项板，在"视图样板"选项后显示当前视图样板名称，如图 4-49所示。

图 4-48 单击按钮　　　　图 4-49 显示样板名称

4.3.2 创建视图

　　项目样板中会默认创建平面视图与立面视图、三维视图，根据使用需要，用户可以自行创建透视视图及剖面视图。本节以创建立面视图与剖面视图为例，介绍创建视图的操作方法。

1. 创建立面视图

项目样板默认创建"东""西""南""北"4个外立面视图,用户可自行创建建筑模型内部立面视图,以方便观察建模效果。

选择"视图"选项卡,在"创建"面板上点击"立面"按钮,在列表中选择"立面"选项,如图 4-50所示。在建筑模型内单击鼠标左键放置立面符号,如图 4-51所示。

图 4-50 选项列表

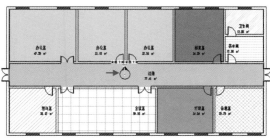

图 4-51 放置立面符号

放置立面符号后会同步生成立面视图,在项目浏览器中会显示新建立面视图的名称,如图 4-52所示。在视图名称上单击鼠标右键,在调出的列表中可以执行"打开"视图、"删除"视图、"重命名"视图等操作。

双击鼠标点击立面视图名称,转换至立面视图,如图 4-53所示,查看立面的设置效果。

图 4-52 项目浏览器

图 4-53 立面视图

2. 创建剖面视图

在"创建"面板上点击"剖面"按钮,进入"修改|剖面"选项卡。在"属性"选项板中选择剖面符号样式,如图 4-54所示。点击"确定"按钮关闭对话框,依次指定剖面线的起点与端点,创建剖面符号,如图 4-55所示。

图 4-54 选择剖面符号样式

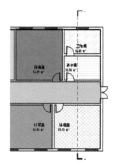

图 4-55 创建剖面符号

剖面符号创建完成后，同步生成剖面视图。在项目浏览器中的"剖面"列表中显示新建剖面视图，如图4-56所示。双击鼠标点击视图名称，转换至剖面视图，查看视图的创建结果，如图4-57所示。

图 4-56　项目浏览器

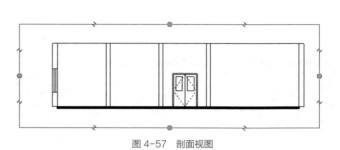

图 4-57　剖面视图

4.3.3 视图符号

项目样板文件设置了视图符号的显示样式，在创建视图时可以使用系统默认设置，也可自定义视图符号的属性，更改视图符号的显示样式。

选择"管理"选项卡，在"设置"面板上点击"其他设置"按钮，在选项列表中显示"立面标记"与"剖面标记"选项，如图4-58所示。启用这两个命令，可以分别设置立面符号与剖面符号。

选择"立面标记"选项，调出【类型属性】对话框。点击"立面标记"选项，在列表中显示立面符号的类型，如图4-59所示。选择其中的一项，点击"确定"按钮关闭对话框，可使用该符号来创建立面视图。

图 4-58　选项列表

图 4-59　设置立面标记属性

在"其他设置"列表中选择"剖面标记"选项，调出【类型属性】对话框。在"类型"选项列表中选择"剖面标头"的类型，点击"剖面标头"选项，在列表中显示各种样式的剖面标头，如图4-60所示，点击选择其中一项即可。

在"剖面线末端"选项列表中提供了多种样式供选择，用户可自行选用。在"断开剖面显示样式"选项中提供两种显示样式，分别是"有裂缝的"和"连续"，系统默认选择"有裂缝的"。

点击"确定"按钮关闭对话框，完成设置剖面标记的操作。在执行"剖面"命令时，点击"属性"选项板上的"编辑类型"按钮，同样可以调出如图4-61所示的【类型属性】对话框。

图 4-60　设置剖面标记属性

4.3.4 项目浏览器

项目浏览器默认位于绘图区域的右侧，在项目浏览器名称标题上单击鼠标左键不放，移动鼠标，可任意调整其位置。

选择"视图"选项卡，点击"用户界面"按钮，在列表中选择"项目浏览器"选项，如图 4-61所示，可显示项目浏览器。取消选择，项目浏览器被关闭。

项目浏览器中包括视图类型，例如平面视图、立面视图、剖面视图、三维视图等，以及图例、明细表/数量、图纸（全部）等内容。选项名称前显示"+"，点击"+"，可展开子类别列表，显示该选项中所包含的子类别，如图 4-62所示。

图 4-61　"用户界面"列表

图 4-62　项目浏览器

在"用户界面"列表中选择"浏览器组织"选项，调出【浏览器组织】对话框。在列表中勾选选项，设置项目浏览器的组织形式。系统默认勾选"全部"选项，如图 4-63所示。

选择其他选项，如选择"规程"选项，"编辑""重命名"等按钮会高亮显示。点击"编辑"按钮，进入【浏览器组织属性】对话框，分别在"过滤"以及"成组和排序"选项卡中设置项目浏览器的组织条件，如图 4-64、图 4-65所示。

点击"确定"按钮关闭对话框，在项目浏览器中查看组织形式。

图 4-63　【浏览器组织】对话框

图 4-64　"过滤"选项卡

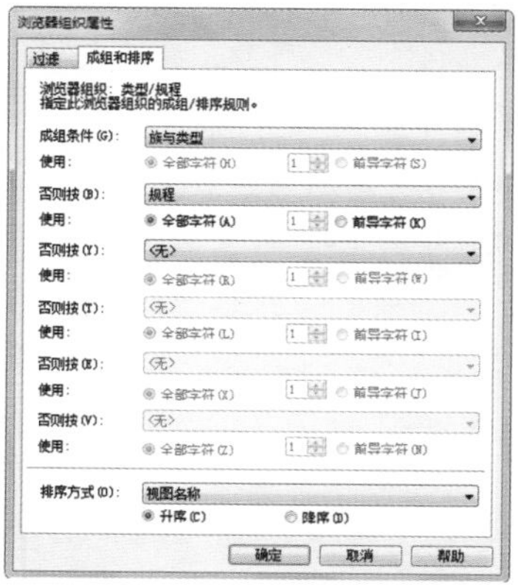

图 4-65　"成组和排序"选项卡

第5章

族

Revit中的族是包含通用属性集及相关图形表示的图元组。一个族中的不同图元的部分参数值或者全部参数值可能会有不同，但是参数的集合（即名称与含义）是相同的。族中的这些变体称为族类型。

族在Revit中运用广泛，可以使用系统自带的族文件，也可以从外部载入族文件。本章介绍族的相关知识。

5.1 族的使用

系统提供多种类型的族，但是在制图的过程中还需要运用大量的族，当系统的存量不能满足使用时，就需要从外部载入族。本节介绍载入族、放置族以及编辑族等操作的方式。

5.1.1 载入族

（1）选择"插入"选项卡，点击"从库中载入"面板上的"载入族"命令按钮，如图 5-1所示。调出【载入族】对话框，在其中选择族文件，如图 5-2所示，点击"打开"按钮，可执行载入族操作。

图 5-1　"从库中载入"面板

图 5-2　【载入族】对话框

（2）选择族文件，按住鼠标左键不放，将其拖入至项目的绘图区域，同样可以载入族。

（3）打开族文件，在"创建"选项卡中的"族编辑器"面板中点击"载入到项目"命令按钮，如图 5-3所示。可将族载入到打开的项目中，加载后族仍然保持打开状态。

假如只有一个项目处于打开状态，族会自动载入到该项目文件。假如有多个项目处于打开状态，可以选择相应的项目文件载入进行族操作。

图 5-3　"创建"选项卡

在项目浏览器中点击展开"族"列表，查看列表中所包含的族类型。例如选择"电缆桥架"族类别，"带配件的电缆桥架"为该族名称，"梯级式电缆桥架"与"槽式电缆桥架"为该族的类型名，如图 5-4所示。

图 5-4　族类型列表

5.1.2 放置族类型

放置族类型的方式如下所述。

（1）选择"系统"选项卡，在"HAVC"面板、"机械"面板、"卫浴和管道"面板、"电气"面板中选择一个族类别，如图 5-5所示。例如在"卫浴和管道"面板中点击"管路附件"命令面板，可进入"修改|放置管道附件"选项卡，如图 5-6所示。

图 5-5　"系统"选项卡

图 5-6　"修改 | 放置管道附件"选项卡

在"属性"选项板中显示管路附件的属性参数，如图 5-7所示。点击族名称选项，在调出的列表中可以选择其他样式的管路附件。

（2）在项目浏览器中点击展开族列表，选择族类型名称，按住鼠标左键不放，将其拖至绘图区域，可放置族。

有些族在放置时需要特定的条件才可以完成操作。例如在放置卫浴设备时，通常需要选择指定的位置。将项目浏览器中的地漏拖至绘图区域，如图 5-8所示，需要在"修改|放置 构件"选项卡中的"放置"面板上选择放置的方式，如图 5-9所示，如"放置在垂直面上""放置在面上""放置在工作面上"。假如绘图区域中没有适合的位置，需要先退出放置族的操作，待创建合适的平面后再放置族。

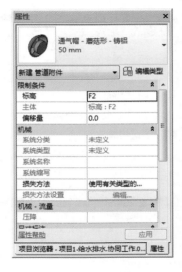

图 5-7　"属性"选项板

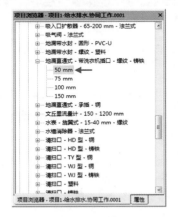

图 5-8　项目浏览器

图 5-9　"放置"面板

5.1.3 编辑族

1．编辑项目中的族

编辑项目中的族的方式如下所述。

（1）在项目浏览器中点击选择族名称，单击鼠标右键，在右键菜单中选择"编辑"选项，如图 5-10所示。进入"创建"选项卡，待编辑完成后，点击"载入到项目"命令按钮，可覆盖原来的族。此外，右键菜单中还包含"新建类型""删除""重命名"等选项，选择选项可执行相应的操作。

（2）在绘图区域中选择已放置的族，单击鼠标右键，在菜单中选择"编辑族"选项，如图 5-11 所示，进入"创建"选项卡，执行编辑操作。

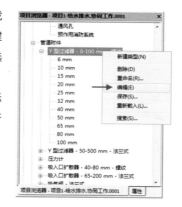

图 5-10 右键菜单　　　图 5-11 选择"编辑族"选项

（3）选择绘图区域中的族，在所对应的修改选项卡中点击"编辑族"命令按钮，如图 5-12 所示，可进入"创建"选项卡以开展编辑操作。

图 5-12 点击"编辑族"命令按钮

2. 编辑项目中的族类型

编辑项目中族类型的方式如下所述。

（1）在项目浏览器中选择族类型名称，如图 5-13 所示的"50mm"，单击鼠标右键，在菜单中选择"类型属性"选项，调出【类型属性】对话框，如图 5-14 所示。

在对话框中显示了所选族类型的属性参数，例如材质和装饰、流量及尺寸标注等。点击"载入"按钮，可执行载入族操作。点击"复制"按钮，以当前族类型为基础创建一个新族类型。点击"重命名"按钮，可以修改族类型的名称。

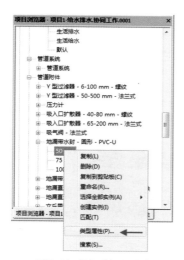

图 5-13 选择"类型属性"选项

图 5-14 【类型属性】对话框

（2）在绘图区域中选择族，例如选择坐便器，如图 5-15 所示。然后在"属性"选项板中显示其属性参数，点击"编辑类型"按钮，如图 5-16 所示，调出【类型属性】对话框，可以在其中编辑属性参数。

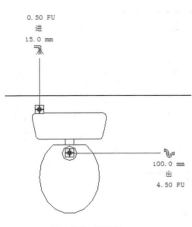

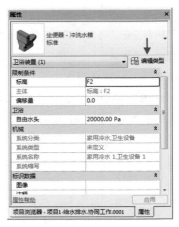

图 5-15　选择族　　　　　　　　　　图 5-16　点击"编辑类型"按钮

5.1.4　导出族

点击"菜单浏览器"按钮，在列表中选择"另存为|库|族"选项，如图 5-17所示。调出如图 5-18所示的【保存族】对话框，在"要保存的族"选项中设置保存类型，系统默认选择"<所有族>"选项，点击"保存"按钮，可将这个项目文件中的所有族导出。

图 5-17　选项列表　　　　　　　　　　图 5-18　【保存族】对话框

5.2　创建构件族

用户通过创建构件族，可以满足不同项目的设计需求，为设计工作提供方便。创建构建族的步骤为，选择族样板，设置族类型及族参数，创建族类型及参数，创建实体，设置可见性，添加族连接件。本节介绍创建构件族的相关知识。

5.2.1　族样板

点击"菜单浏览器"按钮，在列表中选择"新建|族"选项，如图 5-19所示，调出【新族-选择样板文件】对话框，在其中显示了多种类型的族样板，如图 5-20所示。点击选择样板，点击"打开"按钮即可完成操作。

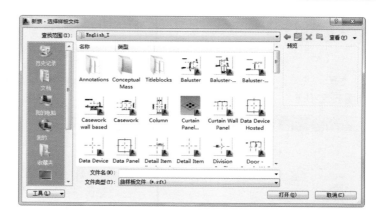

图 5-19　选择"新建 | 族"选项　　　　　图 5-20　【新族 - 选择样板文件】对话框

通用族样板的类型如下所述。

1.公制常规模型.rft

使用该样板创建的族可以放置在任何项目的指定位置上，而不需要依附于任何一个工作平面和实体表面，是最为常用的族样板。

2.基于面的公制常规模型.rft

在此样板上创建的族可以依附于任何工作表面以及实体表面，而不可独立放置到项目的绘图区域中，需要依附于其他的实体。

3.基于墙（天花板、楼板和屋顶）的公制常规模型.rft

习惯上将这些样板称为基于实体的族样板，在此样板上创建的族需要依附在某一个实体的表面上。例如在"基于天花板的公制常规模型.rft"上所创建的族，在项目中只能依附在天花板这个实体上，而不能依附于墙、楼板、屋顶的平面上。

4.基于线的公制常规模型.rft

此样板用来创建详图族以及模型族，需要使用两次拾取放置，与结构梁类似。

5.公制轮廓主体.rft

此样板用于绘制轮廓，所创建轮廓广泛应用于族的建模中，例如放样。

6.常规注释.rft

此样板用来创建注释族，例如阀门、插座等族的简略显示。需注意的是注释族为二维族，在三维视图中不可见，与轮廓族类似。

7.公制详图构件.rft

此样板在创建建筑族时使用较多，通常用来创建详图构件，创建及使用方法与注释族相类似。

> **提示**
>
> 用户可创建自己的族样板，快捷方式为，选择一个族文件，修改文件的拓展名.rfa为.rft，可将族文件转换为样板文件。

5.2.2 族类别和族参数

在【新族-选择样板文件】对话框中选择族样板，点击"打开"按钮，进入族编辑器界面，如图 5-21 所示。点击"创建"选项卡中"属性"面板上的"族类别和族参数"按钮 ，调出【族类别和族参数】对话框，如图 5-22 所示。

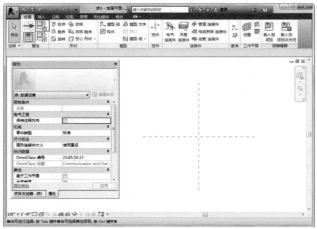

图 5-21　族编辑器界面　　　　　　　　　　　　图 5-22　【族类别和族参数】对话框

在【族类别和族参数】对话框中的"过滤器"列表中选择族类别，不同的族类别可显示不同的族类型。在列表中显示了"建筑""结构""机械""电气""管道"五个族类别，本节介绍在全部选择这五个类别的情况下，其族参数列表中各项的含义。

"基于工作平面"选项：勾选该选项，则在"公制常规模型.rft"样板中创建的族也仅能放在一个工作平面或者实体平面上，与选择使用"基于面的公制常规模型.rft"样板中创建的族效果相同。通常不选择该项，以使族获得较大的灵活性。

"总是垂直"选项：勾选该选项，族相对于水平面竖直，如图 5-23 所示，取消勾选，则族可垂直于某个工作面，如图 5-24 所示。

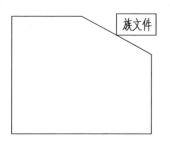
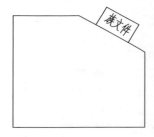

图 5-23　相对于水平面竖直　　　图 5-24　垂直于某个工作面

"加载时剪切空心"选项：勾选该选项，当族内有空心实体，并载入到项目中后，族中的空心实体可以剪切墙、楼板、天花板、屋顶、柱、梁、地基等实体。

"零件类型"栏：零件类型与族类别相关，可视为是一个大的族类别中的一个子类别。常规模型的"零件类型"值为"标准"，不同的族类别会有不同的零件类型，例如列表中所显示的"接线盒"。

"共享"选项：勾选该选项，当该族作为嵌套族被载入到另一个父族中，而该父族被载入到项目中后，勾选"共享"选项的嵌套族也可以在项目中被单独调用，以实现共享。共享可影响到族在项目中的"可见性""TAB选择""材料属性"以及"明细表"等属性。

"主体"栏：说明该族是以什么部件作为主体。由于常规模型无主体，因此该栏显示为空。当选用"基于天花板的公制常规模型.rft"等族样板所创建的族，此栏就显示主体为"天花板"。

5.2.3 族类型和族参数

点击"属性"面板中的"族类型"命令按钮，如图 5-25所示，调出【族类型】对话框，在其中可以设置族类型及其参数，如图 5-26所示。

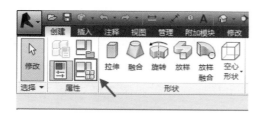

图 5-25 "属性"面板

图 5-26 【族类型】对话框

1. 新建族类型

一个族具有多个类型，每个类型又包含不同的尺寸形状，且可以分别调用。在【族类型】对话框中点击"新建"按钮，可在【名称】栏中设置族类型名称，例如"类型1"，点击"确定"按钮，新建结果如图 5-27所示。

2. 添加参数

点击"添加"按钮，调出如图 5-28所示的【参数属性】对话框，在其中设置参数来传递族信息。

图 5-27 【族类型】对话框

图 5-28 【参数属性】对话框

"族参数"选项：选中该项，载入的项目文件不能出现在明细表或者标记中。

"共享参数"选项：可由多个项目和族共享参数，载入的项目文件可出现在明细表和标记中，

"名称"栏：设置参数名称，需注意，同一个族内的参数名称不能一样。

"规程"选项：有五种规程供选择，选择"公共"选项，可以用于任何族参数的定义。

"参数类型"选项：提供多种类型供选择，例如长度、面积、体积等。

"参数分组方式"选项：设置参数的组别，使得参数在【族类型】对话框中按组分类显示，为用户查找参数提供便利。

"类型"选项：假如有同一个族的多个相同的类型被载入到项目中，类型参数的值被修改，所有的类型个体都会发生相应的变化。

"实例"选项：假如有同一个族的多个相同的类型被载入到项目中，类型参数的值被修改，而只有当前被修改的这个类型的实体发生相应的变化，该族其他类型的这个实例参数的值仍然保持不变。

5.3 族编辑器

在创建族模型的过程中，使用族编辑器可以辅助设计，例如参照平面、参照线可以辅助定位，使用模型线和符号线可以创建轮廓线，甚至创建注释等。

本节介绍族编辑器的使用。

5.3.1 参照平面

在"创建"选项卡中点击"基准"面板上的"参照平面"命令按钮，如图 5-29所示。在绘图区域中单击鼠标左键指定参照平面的起点，移动鼠标，单击鼠标左键指定参照平面的终点，按下两次<Esc>键，完成绘制操作。

图 5-29 "基准"面板

选择参照平面，可在"属性"选项板中查看其属性参数，如图 5-30所示。在"名称"栏中设置参照名称，也可执行重命名操作。

"是参照"选项列表中各项特性简介如下：

"非参照"选项：该参照平面在项目中不可捕捉及标注尺寸。

"强参照"选项：强参照的尺寸标注及捕捉的优先级最高。创建一个族并将其放置在项目中，放置该族时，临时尺寸标注会捕捉造族中任何的"强参照"。

"弱参照"选项：将族放置到项目中，并对其执行尺寸标注时，需要按下<Tab>键来选择"弱参照"。

"左""中心（左/右）""右"选项：在同一个族中只能用一种，用来表示样板自带的三个参照平面，或表示族的最外端边界的参照平面。

图 5-30 "属性"选项板

5.3.2 参照线

在"基准"面板中点击"参照线"命令按钮，在绘图区域中单击鼠标左键，指定参照线的起点，然后移动鼠标，单击鼠标左键以指定参照线的终点，按下两次< Esc >键退出命令。

1. 锁定参照线

点击"修改"面板上的"对齐"按钮，如图 5-31所示，点击垂直的参照平面，然后点击参照线的端点，如图 5-32所示，可在参照线上显示"锁图标"（此时处于解锁状态）。单击锁图标，使其上锁，如图 5-33所示，表示该参照线与垂直的参照平面被对齐锁住。

图 5-31 "修改"面板

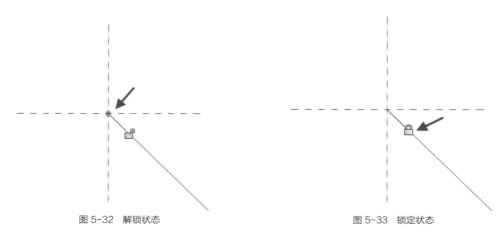

图 5-32 解锁状态   图 5-33 锁定状态

2. 标注夹角

选择"注释"选项卡，点击"尺寸标注"面板上的"角度"命令按钮，如图 5-34所示。分别选择参照平面与参照线，移动鼠标，点击空白区域，完成标注夹角的操作，如图 5-35所示。

图 5-34 "注释"选项卡 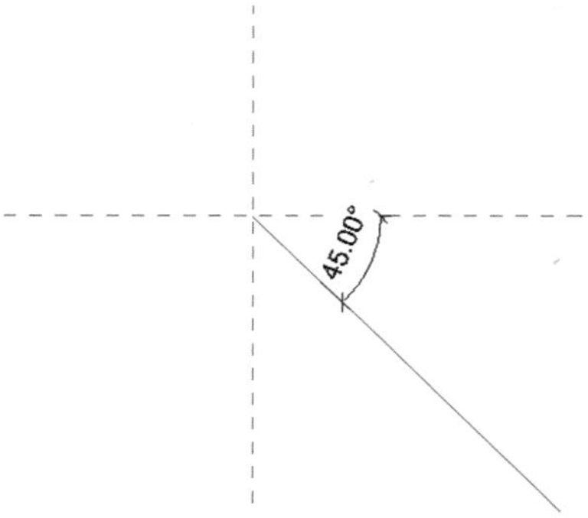   图 5-35 标注夹角

为夹角标注添加标签参数。选择夹角标注，点击"修改|尺寸标注"选项栏上的"标签"选项，在列表中选择"<添加参数…>"选项，如图 5-36所示。在【参数属性】对话框中的"名称"栏中输入夹角1，如图 5-37所示。

图 5-36 "修改 | 尺寸标注"选项栏

图 5-37 【参数属性】对话框

点击"确定"按钮，可在绘图区域中观察到夹角标注文字已然被添加了标签，如图 5-38所示。点击"属性"面板上的"族类型"命令按钮，在【族类型】对话框中更改"夹角1"的值，如图 5-39所示。点击"应用"按钮，可将值修改的结果反映至绘图区域中的夹角上，如图 5-40所示。

转换至三维视图，将鼠标指针移至参照线上，可以显示其三维样式，如图 5-41所示。与参照平面不同，参照线包含垂直平面与水平平面。在建模的过程中，可以选择这两个平面作为工作平面，使所创建的实体位置随参照线位置的改变而改变。

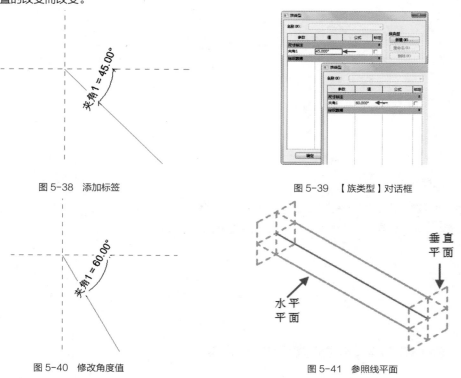

图 5-38　添加标签　　　　　　　　　　　　图 5-39　【族类型】对话框

图 5-40　修改角度值　　　　　　　　　　　图 5-41　参照线平面

5.3.3　工作平面

Revit中每个视图均与工作平面相关，可以说所有的实体模型都在某一个工作平面之上。在执行三维旋转或者三维镜像命令时，必须使用工作平面作基准方可执行该命令。

1．设置工作平面

在"创建"选项卡中的"工作平面"面板中点击"设置"命令按钮，如图 5-42所示。调出【工作平面】对话框，如图 5-43所示，在其中设置工作平面的属性。

选定工作平面的方式如下所述。

选择"名称"选项，可在列表中选择工作平面的名称。

选择"拾取一个平面"选项，通过拾取一个参照平面或者实体的表面来指定新的工作平面。

选择"拾取线并使用绘制该线的工作平面"选项，通过拾取参照线的水平面和垂直面来指定工作平面，或者拾取任意一条线并将这条线的所在平面设为当前工作平面。

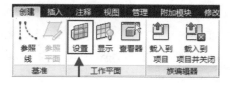

图 5-42　"工作平面"面板

图 5-43　【工作平面】对话框

2. 显示工作平面

在默认情况下，工作平面被隐藏，在需要的时候可将其显示。点击"工作平面"面板上的"显示"按钮，可在绘图区域中显示工作平面图，如图 5-44所示。

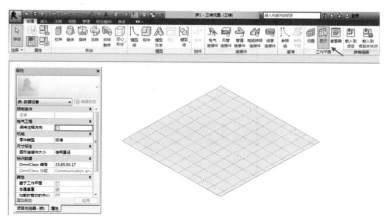

图 5-44 显示工作平面

3. 工作平面查看器

点击"工作平面"面板上的"查看器"命令按钮，可启用工作平面查看器，如图 5-45所示。可将"工作平面查看器"用作临时的视图来编辑选定图元。该视图将从选定的工作平面显示图元，但是不保存在项目浏览器中。

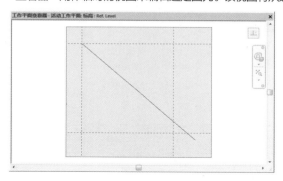

图 5-45 工作平面查看器

图 5-46 "模型"面板

5.3.4 模型线与符号线

1. 模型线

点击"模型"面板上的"模型线"命令按钮，如图 5-46所示，启用"模型线"命令，可创建一条存在于三维空间中并且在项目中的所有视图都可见的线。可以使用模型线来表示建筑设计中的三维几何图形。

2. 符号线

选择"注释"选项卡，点击"详图"面板上的"符号线"命令按钮，如图 5-47所示。可以创建仅用作符号，但是不作为构件或建筑模型的实际几何图形一部分的线。

可以在平面视图中绘制符号线，以表示建筑工程中门的打开方向，如图 5-48所示。或者绘制符号，表示梁在结构工程中的缩进距离，符号线在其所绘制的视图中是可见的并且与该视图平行。

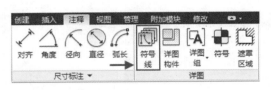

图 5-47　"注释"选项卡

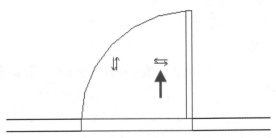

图 5-48　表示门开启方向的符号线

5.3.5　模型文字与文字

1. 模型文字

单击"模型"面板上的"模型文字"命令按钮，如图 5-49所示，可将三维文字添加到建筑模型中去。可使用模型文字作为建筑物上的记号或字母，在"属性"选项板中可修改标注文字内容、字体、大小、深度以及材质，如图 5-50所示。

图 5-49　"模型"面板

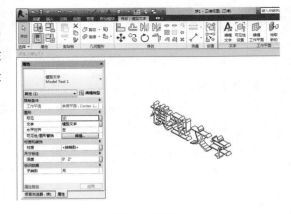

图 5-50　模型文字

2. 文字

点击"注释"选项卡中"文字"面板上的"文字"命令按钮，如图 5-51所示，单击鼠标左键可开始输入文字，或者单击鼠标左键并拖曳矩形框可创建换行文字。文字注释也可以添加到当前视图中，文字注释会根据视图自动调整大小，假如修改视图比例，文字可自动调整尺寸。

选择注释文字，通过拖曳移动边框夹点的位置来调整边框的大小，以更改文字的显示样式。双击鼠标左键进入文字输入框，如图 5-52所示，可以在"格式"面板上修改文字的对齐方式，也可以为加粗文字或为文字添加下划线等。

图 5-51　"文字"面板

图 5-52　注释文字

5.3.6　尺寸标注

选择"注释"选项卡，在"尺寸标注"面板中显示了各类尺寸标注命令按钮，例如"对齐"标注、"角度"标注、"径向"标注等，如图 5-53所示。点击"尺寸标注"面板名称，然后点击列表选项，调出【类型属性】对话框，如图 5-54所示，在其中可修改对应尺寸标注的类型属性，例如图形属性和文字属性等。

图 5-53　"尺寸标注"面板

图 5-54　【类型属性】对话框

5.3.7 控件

通过为图形添加"控件"按钮，可使图形按照"控件"的指向方向旋转。在新建样板中绘制如图 5-55所示的族文件，点击"控件"面板上的"控件"命令按钮，如图 5-56所示。

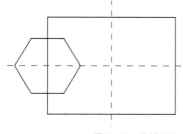

图 5-55　绘制图元

图 5-56　"控件"面板

在"修改|放置控制点"选项卡中点击"控制点类型"面板上的"双向水平"命令按钮，如图 5-57所示。在图形的右上角单击鼠标左键，放置控件，如图 5-58所示。

图 5-57　"修改 | 放置控制点"选项卡

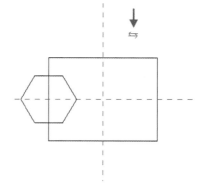

图 5-58　添加控件符号

点击"族编辑器"面板上的"载入到项目"命令按钮，将族文件载入绘图区域，点击族，显示"双向水平"控件符号，点击符号，可左右翻转族文件，如图 5-59所示。

其他类型的控件符号，例如"单向垂直""双向垂直""单向水平"控件符号，可参考上述方法来添加。

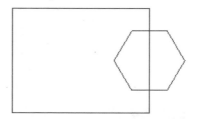

图 5-59　翻转图元

5.3.8　详细程度与可见性

在绘图区域中创建一个三维模型，例如多边体，选择模型，进入"修改|拉伸"选项卡，点击"模式"面板上的"可见性设置"命令按钮，或者在"属性"选项板中点击"可见性/图形替换"选项后的"编辑"按钮，如图 5-60所示，调出如图 5-61所示的【族图元可见性设置】对话框。

在对话框中可以设置在各视图中模型的可见性，例如选择"平面/天花板平面视图"选项，则模型在该视图可见。在"详细程度"选项组下选择模型的显示样式，系统默认选择所有的选项，即无论为哪种视图显示模式，模型均可显示。若选择其中的一种或两种显示样式，例如选择"粗略"选项，则在视图显示样式为"粗略"时，模型才可显示。

假如模型的显示样式与视图的显示样式不一致，则模型不可见，并在族编辑器中显示为灰色，被载入到项目中后，则完成不可见。

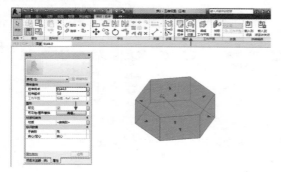

图 5-60　选择"可见性设置"

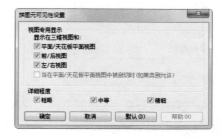

图 5-61　【族图元可见性设置】对话框

5.4　创建三维模型

族三维模型有两种类型，一种是实体模型，另一种是空心模型。在创建三维模型时需要注意，所有的模型都要对齐并锁定在参照平面上，通过在参照平面上标注尺寸来使得实体的形状发生改变。

5.4.1　拉伸

点击"创建"选项卡中"形状"面板上的"拉伸"命令按钮，如图 5-62所示，可通过拉伸二维形状（即轮廓线）来创建三维实心形状。二维形状作为在起点与端点之间拉伸三维形状的基础，在创建时由用户设定形状及其尺寸大小。

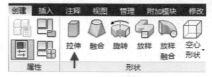

图 5-62　"形状"面板

在绘图区域中创建四个参照平面，如图 5-63所示，启用"拉伸"命令，在参照平面内创建矩形轮廓线，如图 5-64所示。

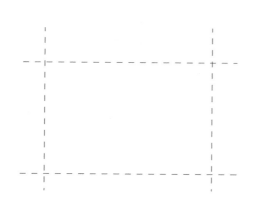

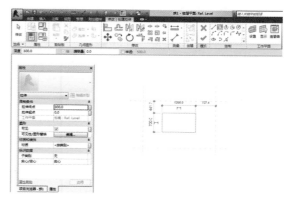

图 5-63　参照平面

图 5-64　创建矩形轮廓线

点击"修改"面板上的"对齐"命令按钮，首先选择参照平面，然后选择矩形边，执行对齐操作，点击解锁图标，使其转换为锁定状态，如图 5-65所示，完成轮廓与参照平面对齐锁定操作。依次执行对齐操作，将矩形与四个参照平面对齐并上锁，如图 5-66所示。

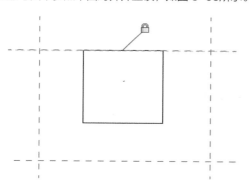

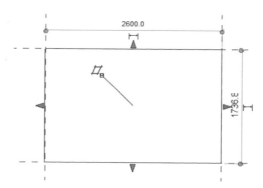

图 5-65　对齐锁定轮廓线

图 5-66　锁定结果

选择创建已完成的拉伸实体，在"修改|拉伸"选项卡中点击"模式"面板上的"编辑拉伸"命令按钮，如图 5-67所示，进入"修改|拉伸"选项卡"模式"面板上的"编辑拉伸"命令按钮，在此用户可修改拉伸实体的轮廓线，点击"完成编辑模式"命令按钮，完成操作。

图 5-67　"修改 | 拉伸"选项卡

5.4.2 融合

点击"形状"面板上的"融合"命令按钮，可创建实心三维形状，该形状可沿其长度发生变化，从起始形状融合到最终形状。

使用该命令可融合两个轮廓。例如绘制一个六边形后，再在其上方绘制一个圆形，可创建一个实心三维形状，将这两个草图融合在一起。

首先创建参照平面，启用"融合"命令，进入"修改|创建融合底部边界"选项卡，选择轮廓线样式，在"绘制"面板中点击"矩形"命令按钮，创建底部轮廓线如图5-68所示。

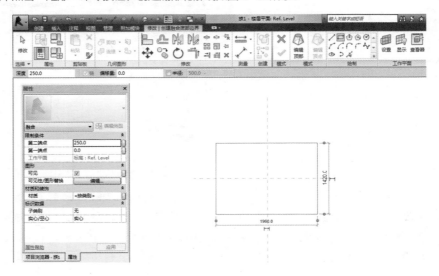

图 5-68　绘制底面轮廓

点击"模式"面板中的"编辑顶部"命令按钮，转入"修改|创建融合顶部边界"选项卡，创建圆形轮廓线如图5-69所示。点击"完成编辑模式"命令按钮，融合两个轮廓线的结果如图5-70所示。

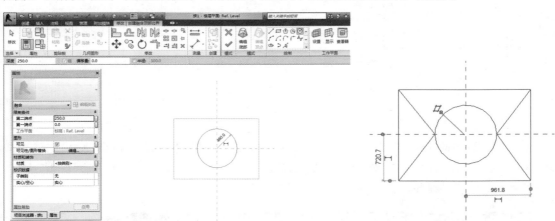

图 5-69　绘制顶面轮廓　　　　　　　　　　　　　图 5-70　完成编辑

选择模型，进入如图5-71所示的"修改|融合"选项卡，在其中可以对模型执行修改操作。

图 5-71　"修改 | 融合"选项卡

点击激活模型上的顶面夹点，向上移动模型，如图5-72所示，可调整模型的显示样式，如图5-73所示。

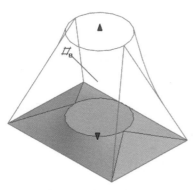

图 5-72　向上移动夹点

图 5-73　调整显示样式

提示

同理，可以向下移动顶面夹点，也可激活底面夹点，通过移动夹点的位置来调整模型的显示样式。

5.4.3　实心旋转

点击"形状"面板上的"实心旋转"命令按钮，通过绕轴放样二维轮廓，可创建三维形状。

启用"实心旋转"命令后，进入"修改|创建旋转"选项卡，在绘图区域中创建边界线，如图 5-74所示。点击"绘制"面板中的"轴线"命令按钮，创建轴线，如图 5-75所示。

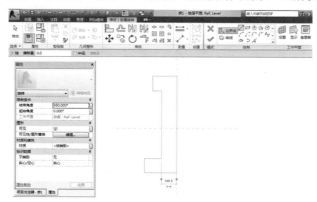

图 5-74　绘制轮廓线

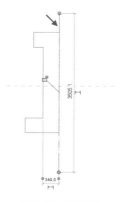

图 5-75　绘制轴线

点击"完成编辑模式"命令按钮，退出操作，实心旋转的结果如图 5-76所示。转换至三维视图，可以查看实心模型的三维样式，如图 5-77所示。

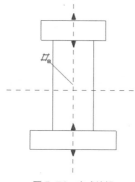

图 5-76　完成编辑

图 5-77　三维样式

选择模型，在"属性"选项板中修改参数，可更改模型的显示样式。例如将"结束角度"更改为180°，可显示旋转至一半的实心模型，如图 5-78所示。

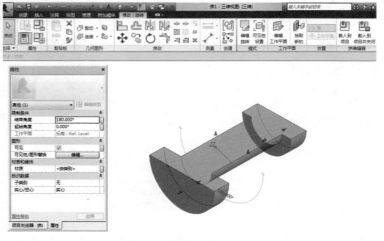

图 5-78　修改显示样式

5.4.4　实心放样

点击"形状"面板上的"实心放样"命令按钮，通过沿路径"放样"二维轮廓，可创建三维形状。

启用"实心放样"命令，进入"修改|放样"选项卡，点击"绘制路径"命令按钮，在绘图区域中绘制路径，如图 5-79所示。

图 5-79　绘制路径

点击"完成编辑模式"命令按钮，进入"修改|放样"选项卡，然后点击"放样"面板上的"编辑轮廓"命令按钮，如图 5-80所示。

图 5-80　"修改|放样"选项卡

在调出的【转到视图】对话框中选择视图，如图 5-81所示。点击"确定"按钮，打开三维视图。在"绘制"面板上点击"圆形"按钮，在绘图区域单击鼠标左键创建圆形轮廓，如图5-82所示。

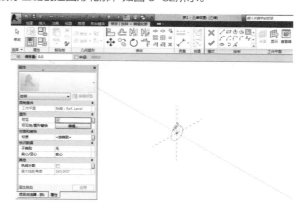

图 5-81 【转到视图】对话框　　　　　　　　　图 5-82 绘制轮廓

点击"完成编辑模式"命令按钮，退出操作，完成实心放样模型，如图5-83所示。

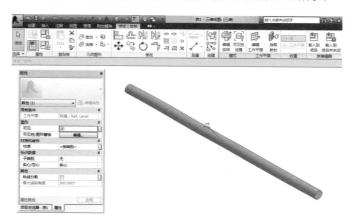

图 5-83 放样模型

5.4.5 放样融合

点击"形状"面板上的"放样融合"命令按钮，用于创建一个融合，以沿定义的路径进行放样。放样融合的形状由起始形状、最终形状和指定的二维路径确定。

启用"放样融合"命令，进入"修改|放样融合>绘制路径"选项卡，在绘图区域中单击鼠标左键，拖动鼠标以绘制路径，如图5-84所示。

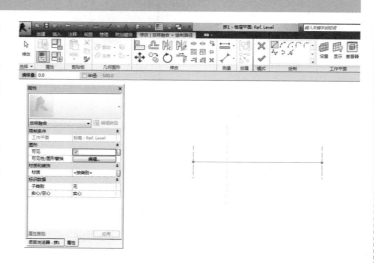

图 5-84 绘制路径

点击"完成编辑模式"命令按钮，进入"修改|放样融合"选项卡，点击"放样融合"面板中的"选择轮廓1"命令按钮，然后点击"编辑轮廓"按钮，如图 5-85所示。打开【转到视图】对话框，选择"三维视图"，点击"确定"按钮。

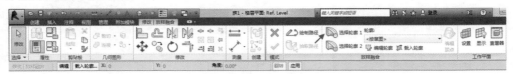

图 5-85　"修改 | 放样融合"选项卡

在三维视图中创建轮廓线，例如可绘制六边形轮廓线，如图 5-86所示。点击"完成编辑模式"按钮，返回"修改|放样融合"选项卡，点击"选择轮廓2"命令按钮，再次进入三维视图。

在三维视图中创建轮廓线2，绘制一个圆形轮廓线，如图 5-87所示。

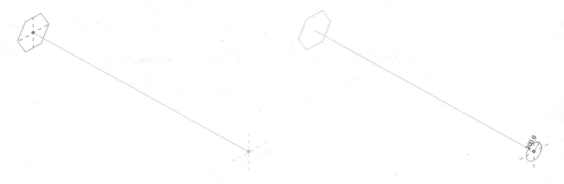

图 5-86　绘制轮廓 1　　　　　　　　　　　　　　　　图 5-87　绘制轮廓 2

最后点击"完成编辑模式"按钮✔，退出操作，完成融合模型的创建，如图 5-88所示。

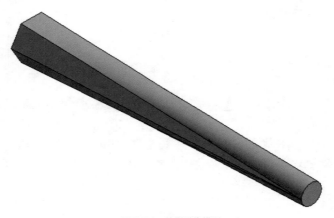

图 5-88　放样融合模型

5.4.6 空心形状

空心形状系列命令包括空心拉伸、空心融合、空心旋转、空心放样以及空心放样融合，执行这些命令，可以删除实心形状的一部分。本节以"空心拉伸"命令为例，介绍命令的执行方式。

点击"形状"面板上的"空心形状"命令按钮，在调出的列表中选择"空心拉伸"命令按钮，如图 5-89所示。可以先创建一个三维形状，然后使用上述形状来删除已创建实心三维形状的一部分。

启用"空心拉伸"命令，进入"修改|创建空心拉伸"选项卡，如图 5-90 所示。在"绘制"面板中点击命令按钮，例如"圆形"命令按钮，在拉伸实体上创建空心拉伸轮廓线，如图 5-91 所示，在"深度"栏中设置空心拉伸的参数值。

点击"完成编辑模式"按钮，创建空心拉伸的结果如图 5-92 所示。

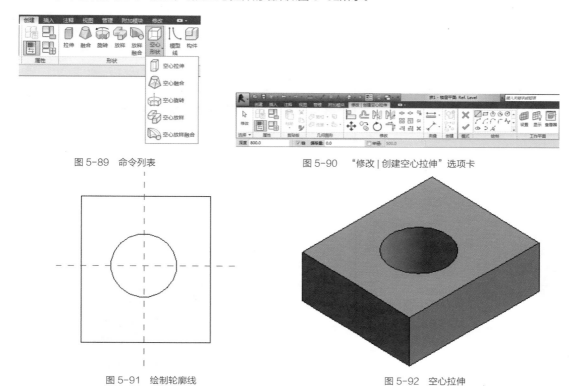

图 5-89 命令列表

图 5-90 "修改 | 创建空心拉伸"选项卡

图 5-91 绘制轮廓线

图 5-92 空心拉伸

也可以通过调用"空心拉伸"命令，直接创建空心模型。在绘图区域中指定拉伸轮廓线，输入深度值，可创建空心模型，如图 5-93 所示。或者选择实心模型，在"属性"对话框中的"实心/空心"选项中选择"空心"，如图 5-94 所示，将实心模型转换为空心模型。

图 5-93 空心模型

图 5-94 "属性"选项板

5.5 修改三维模型

三维模型的修改命令包含在"修改"选项卡中，包含布尔运算、对齐、修剪、移动、旋转等命令，通过执行这些命令，可以对选中的三维模型执行编辑形状、调整位置以及复制副本等操作。

5.5.1 布尔运算

选择"修改"选项卡，在"几何图形"面板中显示有"剪切"和"连接"命令，如图 5-95所示，这是Revit中布尔运算的两种方式。

图 5-95 布尔运算命令

1. 剪切

点击"剪切"命令按钮，调出如图 5-96所示的列表，选择"剪切几何图形"选项，选择一个空心模型，如图 5-97所示。

图 5-96 选项列表 剪切几何图形

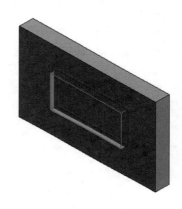

图 5-97 选择空心模型

选择如图 5-98所示的实体模型，可实现从实心模型中剪切空心模型的操作，如图 5-99所示。在选项列表中选择"取消剪切几何图形"选项，可撤销剪切操作，恢复模型的本来形状。

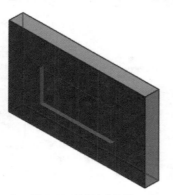

图 5-98 选择实体模型

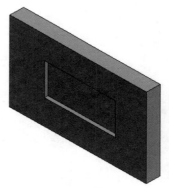

图 5-99 剪切几何图形

提示

在执行剪切操作时，必须是实体模型减去空心模型，不能是两个实体模型或者两个空心模型。

2. 连接

选择"连接"命令按钮，调出如图 5-100 所示的列表，在其中选择"连接几何图形"选项，可在共享公共面的两个或者多个主体图元（例如墙和楼板）之间创建清理连接。

该工具可删除连接的图元之间的可见边缘，之后连接的图元就可共享相同的线宽及填充样式。选择"取消连接几何图形"选项，可删除两个或者多个图元之间的连接，使几何图形恢复本来形状。

图 5-100　选项列表——连接几何图形

5.5.2　对齐

在"修改"面板中显示了各项修改命令，例如对齐、偏移、镜像等，如图 5-101所示。点击"对齐"命令按钮，可将一个或多个图元与选定的图元对齐，同时还可锁定对齐，以免其他模型的修改影响对齐效果。

首先选择要对齐的参照线或者点，接着选择要对齐的实体，然后将该实体同参照一起移动到对齐状态。此时显示一个解锁图标，点击图标，锁定对齐图元，如图 5-102所示，防止被修改。

图 5-101　"修改"面板

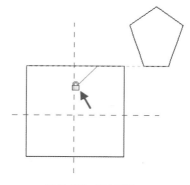

图 5-102　对齐图元

提示

输入快捷键"AI"，启用"对齐"命令。

5.5.3　偏移

选择"偏移"命令按钮，可将选定的图元（例如线、梁、墙）复制或者移动到与其一条边垂直方向上的指定距离处。可以偏移单个图元或属于同一族的一连串图元。

启用命令后，在选项栏中选择"图形方式"，如图 5-103所示。接着依次指定起始端点和偏移终点，可将图元（例如墙体）偏移复制到终点位置，如图 5-104所示。

选择"数值方式"选项，在"偏移"栏中输入距离，可按照所定的距离偏移复制墙体。选择"复制"选项，则执行偏移复制操作，若取消选择，则将选定的原图形偏移至指定位置，而不复制图元副本。

图 5-103　"偏移"选项栏

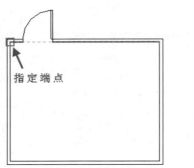

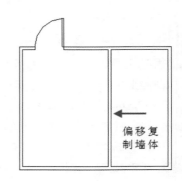

图 5-104　偏移复制墙体

5.5.4　镜像–拾取轴

选择"镜像–拾取轴"命令按钮，可以使用现有线或者边作为镜像轴，用以反转选定图元的位置。

启用命令，选择待镜像的图元，按下空格键，在选项栏中选择"复制"选项，拾取镜像轴，可将源图元镜像至镜像轴的另一侧，如图 5-105所示。

取消选择"复制"选项，则将源图元移动至镜像轴的一侧，而不会复制图元副本。系统默认选择"复制"选项。

5.5.5　镜像–绘制轴

选择"镜像–绘制轴"命令按钮，通过绘制一条临时线，用作镜像轴，拾取镜像轴，生成图元的一个副本并反转其位置。

启用命令，选择图元，按下空格键，在选项栏中选择"复制"选项，分别指定镜像轴的起点与终点，镜像结果如图 5-106所示。

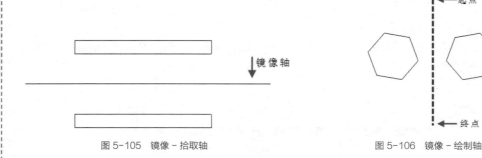

图 5-105　镜像 – 拾取轴　　　　　　　　　图 5-106　镜像 – 绘制轴

5.5.6 移动

选择"移动"命令按钮✛，可将选定图元移动到当前视图中指定的位置。

启用命令后，选择图元后按下空格键，在"修改"选项卡中提供了三个选项，即："约束""分开""多个"。选择"约束"，可约束移动方向；选择"分开"选项，可分离选择集；选择"多个"选项，可创建多个副本。

提示

输入快捷键"MV"，启用"移动"命令。

5.5.7 复制

选择"复制"命令按钮，可复制选定图元并将它们放置在当前视图中指定的位置。

启用命令后，选择图元后按下空格键，在选项栏中设置参数，如选择"多个"选项，可复制多个副本。

"修改"面板中的"复制"命令可用来复制选定图元并将它们临时放置在同一视图之中。"剪切板"面板中的"复制"命令，是在放置复制图元之前需要切换视图或者项目时使用。

提示

输入快捷键"CO"，启用"复制"命令。

5.5.8 旋转

选择"旋转"命令按钮，可以绕轴旋转选定图元。在楼层平面视图、天花板投影平面视图、立面视图及剖面视图中，图元围绕垂直于视图的旋转中心轴进行旋转。在三维视图中，该旋转中心轴垂直于视图的工作平面。

也可拖动或者单击旋转中心空间，按下空格键，在选项栏上选择"旋转中心：地点"选项，以重新定位旋转中心。然后单击鼠标左键指定第一条旋转线，再单击鼠标左键指定第二条旋转线。

在选项栏中的"角度"选项中输入参数，可按照所设置的角度值旋转图形。

提示

输入快捷键"RO"，启用"旋转"命令。

5.5.9 修剪/延伸为角

选择"修剪/延伸为角"命令按钮，可修剪或延伸图元（例如墙或梁），以使其形成一个角。

启用命令后，选择需要修剪的图元，点击要保留的图元部分（例如单击墙体），如图 5-107所示，延伸墙体以使其成为一个90°的角，如图 5-108所示。

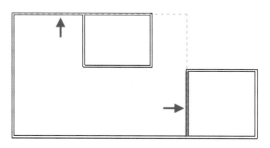

图 5-107 选择图元

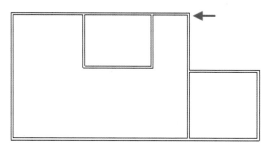

图 5-108 延伸为角

提示

输入快捷键"TR"，启用"修剪/延伸为角"命令。

5.5.10 修剪/延伸单个图元

选择"修剪/延伸单个图元"命令按钮 ⇥|，可修剪或者延伸一个图元（例如梁或线、墙）到其他图元定义的边界。首先选择作为边界的参照，如图 5-109所示，接着选择要修剪或延伸的图元，完成修剪操作，如图5-110所示。在选择要修剪的图元时，应点击要保留的图元部分。

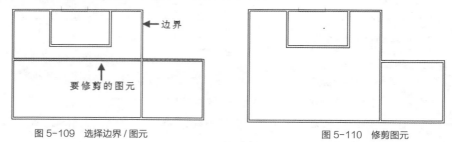

图 5-109　选择边界 / 图元　　　　　　　　图 5-110　修剪图元

5.5.11 修剪/延伸多个图元

选择"修剪/延伸多个图元"命令按钮 ⇥|，可修剪或延伸多个图元（例如墙、线、梁）到其他图元定义的边界。首先选择用作边界的参照，接着使用选择框或者单独选择要修剪或延伸的图元，如图 5-111所示，延伸图元的操作如图 5-112所示。在边界上单击或启动选择框时，位于边界一侧的图元部分将被保留。

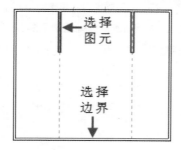
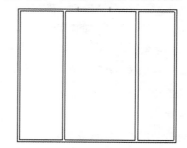

图 5-111　选择边界 / 图元　　　　　　　　图 5-112　延伸多个图元

5.5.12 删除

选择"删除"命令按钮 ✖，可从模型中删除选定图元。

删除的图元不会被放置在剪切板上，假如要撤销删除操作，单击快速启动工具栏上的"重做"按钮，或者按下<Ctrl>+<Z>组合键。

5.5.13 阵列

选择"阵列"命令按钮 ⊞，可创建选定图元的线性阵列或半径阵列。使用阵列工具可以创建一个或者多个图元的多个实例，并同时对这些实例执行操作，还可指定阵列中的图元之间的距离。

1. 线性阵列

启用命令后，在选项栏上中的"项目数"栏中设置参数，例如输入"5"，在"移动到"选项中选择"第二个"选项，如图 5-113所示。勾选"成组并关联"选项，以使阵列结果以组存在，编辑其中一个实体，则其他实体也随之更新。

| ⊞ ⟳ ☑成组并关联 项目数: 5 | 移动到: ◉ 第二个 ○ 最后一个 | ☑约束 | 激活尺寸标注 |

图 5-113　阵列选项栏

点击选择阵列的起点，移动鼠标并点击指定终点，如图 5-114所示，可按指定数目复制选定项目，如图 5-115所示。项目间的距离与第一个项目及第二个项目之间的距离相同。

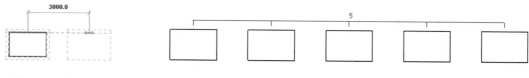

图 5-114　指定终点　　　　　　　　　　　　　图 5-115　线性阵列

勾选"最后一个"选项，则通过指定起点与终点的距离，系统会在指定的距离内按数目平均布置实体。

2. 径向阵列

在阵列选项栏中点击"径向阵列"按钮，设置项目数，如图 5-116所示。单击鼠标左键激活旋转中心，移动鼠标，点击指定旋转中心的新位置。此时由旋转中心引出一条旋转边，点击指定旋转起始边的位置，如图 5-117所示。在"角度"栏中输入参数值，如"360"，按下< Enter >键，完成径向阵列的操作。

图 5-116　径向阵列选项栏

选择阵列结果，在实体的上方显示项目数，并使用临时尺寸标注由旋转中心至实体的半径大小，如图 5-118所示。修改项目数或者半径值，可以更改阵列结果。

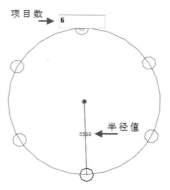

图 5-117　指定旋转中心　　　　　　　　　图 5-118　径向阵列

点击选择某个实体，可显示其与相邻实体的角度大小，修改角度值，则实体之间的角度随之被更改，如图 5-119所示。

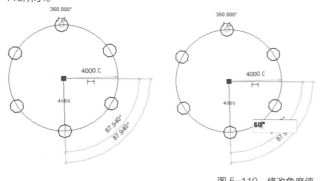
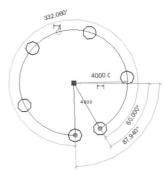

图 5-119　修改角度值

提示

输入快捷键"AR"，启用"阵列"命令。

81

5.6 族的嵌套

在族中载入的其他族被称为嵌套族，通过创建嵌套族，可减少创建模型的时间。

5.6.1 创建嵌套族

创建嵌套族的方式如下所述。

在族样板中新建一个模型，例如长方体，如图 5-120所示。接着点击"族类型"命令按钮，打开【族类型】对话框。点击"新建"按钮，创建一个族类型，类型名称可选择默认设置，即"类型1"。点击"添加"按钮，分别添加名称为"长"的类型参数，"宽"的实例参数，并设置值，如图 5-121所示。

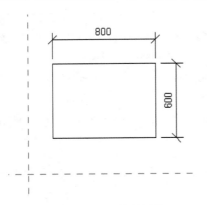

图 5-120　创建长方体

图 5-121　【族类型】对话框

提示

在【参数属性】对话框中添加"长"参数时，在右侧选择"类型"选项。在添加"宽"参数时，在右侧选择"实例"选项。

执行"另存为"操作，保存族文件，并其设置名称，如"嵌套族1"。再通过使用族样板，创建另一个族文件，可将其命名为"父族1"。

在"嵌套族1.rfa"文件中点击"族编辑器"面板上的"载入到项目"命令按钮，如图 5-122所示。在【载入到项目中】对话框中选择"父族1.rfa"，如图 5-123所示。

图 5-122　"族编辑器"面板

图 5-123　【载入到项目中】对话框

在绘图区域中点取族的插入点，点击展开项目浏览器中的族列表，可在其中显示名称为"嵌套族1"的族文件，如图 5-124所示。在"父族.rfa"中点击"族类型"按钮，在【族类型】对话框中创建类型参数"父族长"，实例参数"父族宽"，并设置"父族长"的值为"100"，"父族宽"的值为"50"。

双击鼠标点击"类型1"名称，调出【类型属性】对话框。在"尺寸标注"选项中仅显示"长"选项，如图 5-125所示，因为该参数为类型参数。参数"宽"为实例参数，因此不可见。

图 5-124 项目浏览器

图 5-125 【类型属性】对话框

点击"长"选项右侧的"关联族参数"按钮,在【关联族参数】对话框中选择"父族长"选项,如图 5-126所示。便可以使用"父族.rfa"中的"父族长"参数去驱动"嵌套族1.rfa"中的"长"参数。

选择绘图区域中的长方体,在"属性"选项板中仅显示实例参数"宽",如图 5-127所示。点击右侧的"关联族参数"按钮,在【关联族参数】对话框中选择"父族宽"选项,以使用"父族.rfa"中的"父族宽"参数去驱动"嵌套族1.rfa"中的"宽"参数。

图 5-126 【关联族参数】对话框

图 5-127 "属性"选项板

5.6.2 "族类型"参数的应用

假如要在一个主体族的不同族类型中显示不同的嵌套族,可以通过在主体族的【族类型】对话框中添加"族参数"来实现。

⭐01在族样板中选择"创建"选项卡,点击"形状"面板上的"拉伸"命令按钮,在绘图区域中创建形状轮廓线,例如绘制一个五边形。然后执行"另存为"命令,将其保存为"五边形1.rfa"格式。

⭐02重复上述操作,创建一个椭圆拉伸轮廓线,将其另存为"椭圆2.rfa"格式。

⭐03新建一个空白族文件,将其另存为"主体3.rfa"格式。

⭐04启用"载入到项目"命令,在【载入到项目中】对话框中选择"主体3"选项,分别将"五边形1.rfa"和"椭圆2.rfa"载入到"主体3.rfa"中。

⭐05在"主体3.rfa"中,点击"属性"面板上的"族类型"命令按钮,在【族类型】对话框中单击"添加"按钮,在【参数属性】对话框中设置名称,在"参数类型"选项中选择"<族类型…>"选项,如图5-128所示。

⭐ 06点击"添加"按钮，在【选择类别】对话框中选择"常规模型"选项，如图 5-129所示，然后点击"确定"按钮。

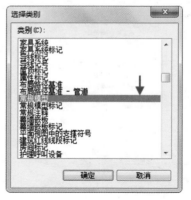

图 5-128　【参数属性】对话框　　　　　　　　　　　　　　　图 5-129　【选择类别】对话框

⭐ 07返回【族类型】对话框。分别新建"类型1"与"类型2"族类型，将族形状参数"五边形1"指定给"类型1"，将"椭圆2"指定给"类型2"，如图 5-130所示。

⭐ 08在项目浏览器中点击展开族列表，选择"五边形1"选项，如图 5-131所示，按住鼠标左键不放将其拖到"主体3.rfa"中的绘图区域。

图 5-130　【族类型】对话框　　　　　　　　　　　　　　图 5-131　项目浏览器

⭐ 09启用"线性阵列"命令，阵列复制五边形，如图 5-132所示。点取任意一个五边形，在"成组"面板中选择"编辑组"命令按钮，如图 5-133所示。

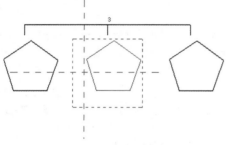

图 5-132　阵列复制五边形　　　　　　　　　　　　　　图 5-133　"成组"面板

⭐ 10在"标签"选项列表中选择"族形状<常规模型>=五边形1"选项，如图 5-134所示，将选定的族与该族参数进行关联操作。

⭐ 11调出【族类型】对话框，在其中选择"类型1"，点击"确定"按钮，则可显示三个五边形。选择"类型2"，单击"确定"按钮，可将五边形转换成椭圆显示在绘图区域中，如图 5-135所示。

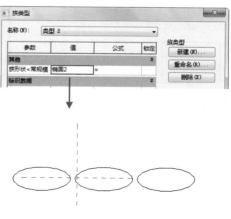

图 5-134 "标签"选项列表

图 5-135 显示不同的嵌套族

5.7 二维族

Revit中常用的二维族有轮廓族、详图构件族以及注释族，它们有各自独立的创建样板。

5.7.1 轮廓族

使用轮廓族来辅助建模，用户可通过替换轮廓族来改变实体的形状。轮廓族是封闭的二维图形，可以载入到相关的族或项目中进行建模或其他应用。

需注意的是，只有"放样"及"放样融合"才可使用轮廓族辅助建模。下面以创建并载入轮廓族作为嵌套族，并将其用作放样轮廓面为例，介绍轮廓族的使用。

⭐ 01点击"菜单浏览器"按钮，选择"新建|族"选项，在【新族-选择样板文件】对话框中选择"公制常规模型.rft"族样板，新建一个空白的常规模型族文件，执行"另存为"操作，将其保存为"轮廓族应用.rfa"格式。

⭐ 02执行"新建|族"命令，选择"公制轮廓主体.rft"族样板，在新建的样板中绘制一个图形轮廓线，例如圆形，将其另存为"圆形.rfa"格式。

⭐ 03在"圆形.rfa"中，执行"载入到项目"命令，将"圆形.rfa"载入到"轮廓族应用.rfa"这个族中，"圆形.rfa"即成为嵌套族。

⭐ 04在"轮廓族应用.rfa"中启用"放样"命令，在"修改|放样"选项卡中点击"绘制路径"命令按钮，在绘图区域中绘制一条直线代表放样路径，点击"完成编辑模式"按钮 ✔，完成绘制。

⭐ 05在"轮廓"列表下选择"圆形"，如图 5-136所示。点击按钮 ✔，完成放样操作，结果如图 5-137所示。

图 5-136　"轮廓"列表

Revit在打开多个项目文件的情况下，执行"载入到项目"中命令，可调出【载入到项目中】对话框，供用户选择载入的目标文件。假如在仅打开一个项目文件的情况下，不会调出对话框，系统默认将族载入唯一打开的项目文件中去。

　　在"属性"对话框中勾选"轮廓已翻转"选项，如图 5-138所示，可将轮廓族的截面翻转，同时放样实体也同步被翻转。

图 5-137　放样实体

图 5-138　"属性"对话框

修改"水平轮廓偏移"以及"垂直轮廓偏移"选项中的参数，可控制实体的轮廓及放样路径在这两个方向上的移动距离。

5.7.2　注释族及详图构件族

1. 注释族

注释族标示二维注释，可用于构件的二维视图表现。创建注释族实例如下所述。

● **创建注释族实例**

　　⭐ 01点击"菜单浏览器"命令按钮，执行"新建|族"选项，新建一个"常规注释.rft"族样板。点击"族类型"命令按钮，在【族类型】对话框中点击"新建"按钮，新建一个族类型，名称为"注释族"，如图 5-139所示。

　　⭐ 02点击"族类别和族参数"命令按钮，在【族类别和族参数】对话框中选择"风管标记"选项，如图 5-140所示。执行"另存为"命令，保存为"宽度注释.rfa"。

图 5-139　【族类型】对话框　　图 5-140　【族类别和族参数】对话框

03 点击"文字"面板上的"标签"命令按钮,如图 5-141 所示,在绘图区域中单击鼠标左键,调出【编辑标签】对话框。

图 5-141 "文字"面板

04 在对话框中左侧列表中选择"宽度"选项,点击 按钮,将选项添加到"标签参数"列表中,如图 5-142 所示,点击"确定"按钮。绘图区域中显示"宽度"标注文字,执行"移动"命令,调整文字的位置,如图 5-143 所示。

图 5-142 【编辑标签】对话框

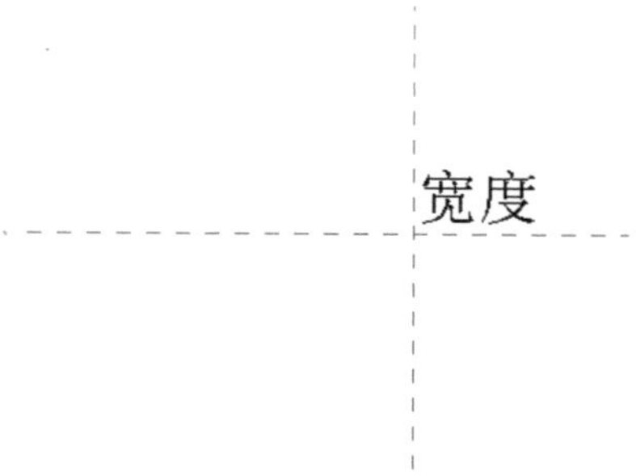

宽度

图 5-143 调整文字的位置

05 选择文字,在"属性"选项板中显示属性参数设置,如图 5-144 所示。单击"编辑类型"命令按钮,在【类型属性】对话框中编辑类型参数,如颜色、线宽、字体等,如图 5-145 所示。点击"确定"按钮。

图 5-144 "属性"选项板

图 5-145 【类型属性】对话框

06 在"菜单浏览器"列表中选择"新建|项目"选项,选择"Default_M_CHS.rte"项目样板,新建一个空白文件。启用"风管"命令,在绘图区域中绘制一条风管。

07 在"宽度注释.rfa"中,点击"族编辑器"面板上的"载入到项目"命令按钮,将族载入到新建项目中。在项目文件绘图区域单击鼠标左键,放置注释族,如图 5-146 所示。

点击展开族列表,在"注释符号"选项表中选择"注释族",如图 5-147 所示,按住鼠标左键,将其拖至风管上,可为风管添加注释符号。

305 mm

图 5-146 添加注释

图 5-147 项目浏览器

● **填充区域**

✪ 01使用"常规注释.rft"族样板新建一个注释族文件。点击"详图"面板上的"填充区域"命令按钮，如图 5-148所示。在"修改|创建填充区域边界"选项卡中单击"绘制"面板上的命令按钮，如图 5-149所示，在绘图区域中创建填充轮廓。

图 5-148 点击"填充区域"按钮

图 5-149 "修改 | 创建填充区域边界"选项卡

✪ 02系统默认以"SOLID图案样式"填充选定的轮廓，选择填充图案，在"属性"选项板中点击"编辑类型"按钮，如图 5-150所示。在【类型属性】对话框中点击"截面填充样式"选项后的矩形按钮，如图 5-151所示。

图 5-150 "属性"选项板

图 5-151 【类型属性】对话框

✪ 03在【填充样式】对话框中会显示各种类型的填充样式预览效果，选择其中的一种，如斜线图案，如图 5-152所示。点击"确定"按钮，可修改填充图案样式，如图 5-153所示。

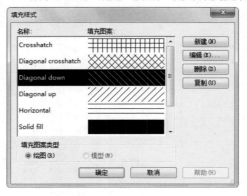

图 5-152 【填充样式】对话框

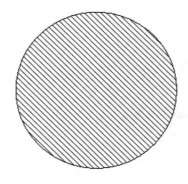

图 5-153 填充图案

点击【填充样式】对话框右侧的"编辑"按钮，调出【修改填充图案属性】对话框，如图 5-154所示，可自定义选中的填充图案的显示样式。

选择"管理"选项卡，点击"设置"面板上的"其他设置"命令按钮，在列表中选择"填充样式"选项，如图 5-155所示，也可调出【填充样式】对话框。

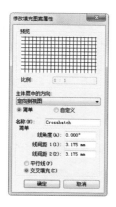

图 5-154 【修改填充图案属性】对话框

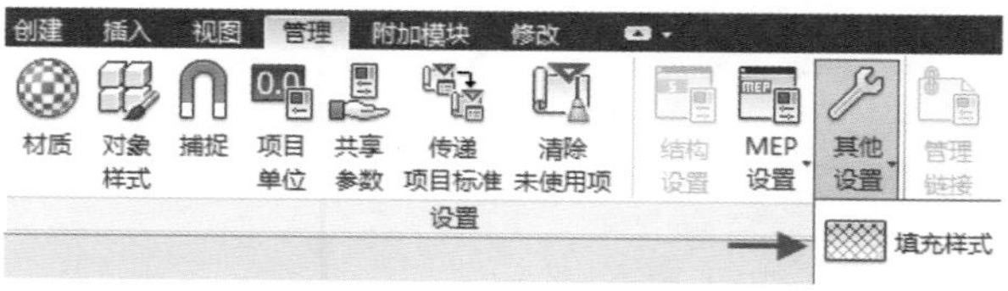

图 5-155 "其他设置"选项表

● 遮罩区域

点击"详图"面板上的"遮罩区域"命令按钮，进入"修改|创建遮罩区域边界"选项卡，如图 5-156所示，在绘图区域中创建遮罩区域轮廓线。需注意的是，在将包含遮罩区域的注释族载入到项目中后，位于遮罩区域下方的图形便不可见。

图 5-156 "修改 | 创建遮罩区域边界"选项卡

2. 详图构件

使用"公制详图构件.rft"族样板来创建详图构件。其创建方式请参考前面内容中所介绍的注释族的创建方式，其步骤基本相同。详图构件族也可作为嵌套族载入到其他族中使用，设置"可见性"参数来控制族的显示。与注释族不同，详图构件被载入到项目文件中后，显示大小不会随着项目显示比例的改变而改变。

5.8 族连接件

Revit MEP中的族连接件有五种类型，即：电气连接件、风管连接件、管道连接件、电缆桥架连接件及线管连接件。构件族的连接件传递系统的逻辑关系及数据信息，本节介绍连接件的布置及设置。

5.8.1 布置连接件

选择"创建"选项卡，在"连接件"面板上显示了Revit中五种连接件样式，如图 5-157所示。

图 5-157 "连接件"面板

以添加"电气"连接件为例，介绍布置连接件的操作方式。

✪ 01点击"电气连接件"命令按钮，进入"修改|放置 电气连接件"选项卡，如图 5-158所示，在选项栏列表中选择所放置连接件的类型，例如通讯和控制等。在"放置"面板上设置连接件的放置位置，例如点击"面"命令按钮，拾取面的边环来放置连接件，放置结果如图 5-159所示。

⭐ 02 "面"选项：拾取实体的一个面，以将连接件附着在面的中心，布置结果如图 5-159所示。

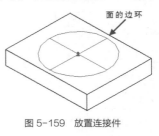

图 5-158　"修改 | 放置　电气连接件"选项卡

图 5-159　放置连接件

⭐ 03 "工作平面"选项：可将连接件附着在工作平面的中心，如图 5-160所示。

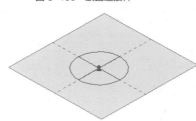

图 5-160　附着于工作平面的中心

5.8.2　设置连接件

选择连接件，在"属性"选项板中显示其参数属性，通过修改属性参数，可以改变连接件的显示样式。

1．电气连接件

电气连接件的类型有九种，分别是"通讯""控制""数据""火警""护理呼叫""电力-平衡""电力-不平衡""安全""电话"。其中，"电力-平衡""电力-不平衡"连接件用于配电系统，其他类型的连接件主要用于弱电系统。

● **配电系统连接件**

电力平衡系统与电力-不平衡系统的区别在于，相位1、相位2、相位3上的"视在负荷"选项参数是否相等，相等的为电力-平衡系统，如图 5-161所示，不相等的为电力-不平衡系统，如图 5-162所示。

"级数""电压""负荷分类"选项：选项中的参数表示用电设备所需配电系统的级数、电压及负荷分类。

"功率系数状态"选项：有"滞后"与"超前"两个类型供选择，系统默认值为"滞后"。

"负荷分类"和"负荷子分类电动机"选项：选项参数用于配电盘明细表/空间中负荷的分类与计算。

"功率系数"选项：又称为"功率因数"，是负荷电压与电流间相位差的余弦值的绝对值，取值范围为0~1，系统默认值为1。

● **弱电系统连接件**

通讯、控制、数据、火警、护理呼叫、安全、电话属于弱电系统，在"系统类型"选项中选择相应类型，如图 5-163所示，可为选定的连接件设置类型。

图 5-161　电力-平衡系统

图 5-162　电力-不平衡系统

图 5-163　弱电系统

2. 风管连接件

风管连接件可以应用到六种系统中，分别是"排风""管件""全局""其他通风""回风""送风"，如图 5-164所示，各系统分类可见表 5-1。

图 5-164　风管连接件系统分类

表 5-1　系统分类

系统分类	使用场景	举例
排风	排风 / 排烟系统	排风口连接件
管件	风管管件	弯头、三通等所有风管配件
全局	可被应用到多种系统中	风机、风阀
其他通风	除五种系统以外的其他系统	无
回风	回风系统	风机盘管回风入口连接件
送风	送风系统	风机盘管送风入口连接件

● **流量配置**

在"属性"选项板中点击"流量配置"选项，在列表中提供了三种配置方式，分别是"计算""预设"及"系统"，各选项含义简介如下：

"计算"选项：指定为其他设备提供资源或服务的连接件，或者传输设备的连接件。表示通过连接件的流量需要根据被提供服务的设备流量计算求和而得出。

例如将组合式空调箱的送风口连接件的"流量配置"设置为"计算"选项，因为其连接件需要为送风散流器提供处理后的空气，其送风量需要根据送风散流器所需要的风量进行求和计算确定。

"预设"选项：指定需要其他设备提供资源或者服务的连接件，表示通过连接件的流量由其自身决定。例如，将回风百叶的连接件"流量配置"设置为"预设"，对于回风百叶来说，回风需要送到组合式空调箱进行处理，其回风量由其自身决定。

"系统"选项：功能与"计算"选项功能类似。在系统中有几个属性相同设备的连接件为其他设备提供资源或服务时，可将"流量配置"设置为"系统"，表示通过该连接件的流量等于系统流量乘以"流量系数"而计算确定。

● **流向**

选项参数设置流体通过连接件的方向，可以有三种流向供选择，即"进""出""双向"。

在流体通过连接件流进构件族时，选择"进"选项；反之，流出构件族时，选择"出"选项；在流向不明确的情况下，选择"双向"选项。

● **流量**

设置通过连接件的流量，可直接设置参数值，或者与【族类型】对话框中定义的流量参数相关联。

● **损失方法**

设置通过该连接件的局部损失，可以有三种方式供选择："未定义""系数"及"特定损失"。

"未定义"选项：不考虑通过连接件处的压力损失。

"系数"选项：选择该项，激活"损耗系数"选项，设置流体通过连接件的局部损失系数。

"特定损失"选项：选择该项，激活"压降"选项，设置流体通过连接件压力损失值，或与【族类型】对话框中设置的压降参数相关联。

● 尺寸造型

设置连接件的形状，可以有"圆形""矩形"及"椭圆形"三种方式供选择。

选择"圆形"样式，设置连接件的半径大小。选择"矩形"然后选择"椭圆"，要分别设置连接件的宽度和高度。这时可以直接设置参数值，或者与【族类型】对话框中所设置的尺寸参数相关联。

3. 管道连接件

选择"管道连接件"命令按钮，进入"修改|放置 管道连接件"选项卡。通过拾取面的边或者工作面来放置管道连接件。

选择管道连接件，在"属性"选项板上点击展开"系统分类"选项表，在调出的列表中显示了管道系统的分类，有"家用热水""家用冷水""湿式消防系统""干式消防系统"等，如图 5-165所示。Revit MEP暂不支持雨水系统，管道系统的分类见表5-2。

"K系数"选项：

图 5-165　管道连接件系统分类

表 5-2　管道系统分类

系统分类	使用场景	说明
循环供水	闭合的水循环系统	锅炉、冷水机组、冷却塔
循环回水		
卫生设备	卫生器具	洗脸盆、马桶
家用热水		
家用冷水		
通气管		
湿式消防系统	与湿式喷淋系统、干式喷淋系统、预作用喷淋系统相对应	喷头、干式报警阀
干式消防系统		
预作用消防系统		
其他消防系统	除了喷淋系统以外的消防系统，例如消火栓系统	消火栓
管件	管道管件	弯头、三通等所有管件
全局	可被应用在多种系统当中	水泵、阀门
其他	气体、冷剂系统或以上未涵盖的系统	热水器天然气接口

4. 电缆桥架连接件

选择"电缆桥架连接件"命令按钮，在绘图区域中放置连接件以连接电缆桥架。选择连接件，在"属性"选项板中显示其参数属性，如图 5-166所示。

"角度"选项：设置连接件的倾斜角度，默认设置为0°。连接件没有角度倾斜时，该项保持默认值即可。在连接件存在倾斜角度时，直接设置数值，或者与【族类型】对话框中设置的角度参数相关联。

5. 线管连接件

选择"线管连接件"命令按钮,在"修改|放置 线管连接件"选项栏中选择连接件的样式,如图 5-167所示。选择"单个连接件"选项,通过放置连接件可连接一根线管。选择"表面连接件"选项,可在连接件附着的表面任何位置连接一根或多根线管。

图 5-166 "属性"选项板

图 5-167 修改 | 放置 线管连接件"选项栏

5.9 实例——创建弯头族

本节以创建弯头族为例,介绍创建一个弯头族的步骤。从建立族类别与族参数,到绘制轮廓线,建立尺寸标注与族参数的关联,放样操作以创建实体模型,最后添加连接件,创建步骤大致如此。不同类别的族有不同的创建方式,应该灵活运用所学知识来执行创建族的操作。

1. 创建族类别与族类型参数

⭐ 01 点击"菜单浏览器"命令按钮,在列表中选择"新建|族"选项,选择"公制常规模型.rft"族样板,新建一个族样板文件。

⭐ 02 点击"属性"面板上的"族类型和族参数"命令按钮,在【族类别和族参数】对话框中选择"风管管件"族类别,在"族参数"中"零件类型"选项选择"弯头",在"圆形连接件大小"选项中选择"使用半径",如图 5-168所示。

⭐ 03 点击"族类型"命令按钮,在【族类型】对话框中点击"新建"按钮,在【名称】对话框中选择"类型1"作为族类型名称,如图 5-169所示。

图 5-168 【族类别和族参数】对话框　　图 5-169 【族类型】对话框

⭐ 04 点击"添加"按钮,调出【参数属性】对话框,在"名称"栏中输入"风管半径",在"规程"中选择"HAVC",在"参数类型"中选择"风管尺寸",在"参数分组方式"中选择"尺寸标注",在右侧选择"实例",如图 5-170所示。

⭐ 05 创建"转弯半径"族参数,如图 5-171所示。

图 5-170　创建"风管半径"族参数　　　　　图 5-171　创建"转弯半径"族参数

提示

选择"实例"选项，则所创建的族为实例型，可以在项目中使用时，根据所接管径的不同尺寸自动匹配尺寸，以满足各种尺寸和角度的使用要求。

⭐06 创建"长度"族参数，如图 5-172所示。

⭐07 创建"角度"族参数，设置"规程"为"公共"，"参数类型"为"角度"，如图 5-173所示。

图 5-172　创建"长度"族参数　　　　　　　图 5-173　创建"角度"族参数

⭐08 在【族类型】对话框中设置"角度"的"值"为"60.000°"；"转弯半径"的参数值为"100.0mm"，指定公式为"风管半径×2"；"长度"参数值为"57.7mm"，公式为"转弯半径×tan（角度×2）"；"风管半径"参数值为"50.0mm"，如图 5-174所示。

图 5-174　设置族类型参数　　　　　　　　　图 5-175　提示对话框

提示

在输入公式时，遇到乘号"×"时，不能直接输入"×"，要按下<shift>+<8>组合键，输入"*"，否则系统调出如图 5-175所示的提示对话框，提醒输入有误。

2. 绘制轮廓线

⭐ 01 输入快捷键RP，启用"参照平面"命令，在族样板中垂直参照平面的左侧绘制参照平面轮廓线，距离为"58"，点击临时尺寸标注，使其转换为永久性尺寸标注，选择尺寸标注，在"修改|尺寸标注"选项栏上点击"标签"选项，在列表中选择"长度=转弯半径×tan（角度/2）=58mm"，如图 5-176所示，将尺寸标注与族参数关联。

⭐ 02 在水平参照平面的上方绘制相距"100"的参照平面轮廓线，单击临时尺寸标注，使其转换为永久性尺寸标注。为尺寸标注指定"标签"参数，选择"转弯半径=风管半径×2=100mm"，如图 5-177所示。

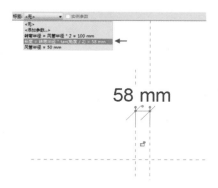

图 5-176 绘制垂直参照平面

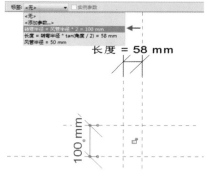

图 5-177 绘制水平参照平面

⭐ 03 点击"基准"面板上的"参照线"命令按钮，在"修改|放置 参照线"选项卡中点击"绘制"面板上的"圆心-端点弧"按钮，如图 5-178所示。

⭐ 04 点击新绘制的水平与垂直参照平面的交点，作为圆弧参照线的中心点，如图 5-179所示。

图 5-178 "绘制"面板

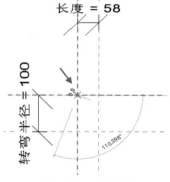

图 5-179 指定中心点

⭐ 05 向下移动鼠标，点击新绘制垂直参照线与样板水平参照线的交点，作为圆弧的起点，如图 5-180所示。

⭐ 06 逆时针移动鼠标，点击任意一点，作为圆弧的终点，绘制参照线圆弧的结果如图 5-181所示。

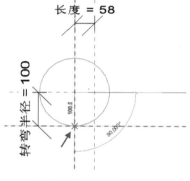

图 5-180 指定起点

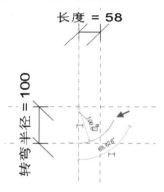

图 5-181 绘制参照线圆弧

⭐ 07 选择圆弧参照线，在"属性"选项板中可选"中心标记可见"选项，如图 5-182所示。可在圆弧参照线的中心显示"十"字形的中心标记，如图 5-183所示。

图 5-182　选择"中心标记可见"选项

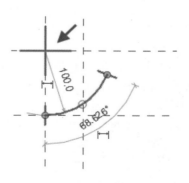

图 5-183　中心标记

⭐ 08 点击"修改"面板上的"对齐"命令按钮，分别点击中心标记和水平参照线，接着点击锁定图标，将参照平面与中心标记对齐锁定。保持"对齐"命令未退出，依次点击中心标记和垂直参照线，对其执行对齐锁定操作，如图 5-184所示。

⭐ 09 启用"对齐"命令，选择新绘制的垂直参照平面、圆弧参照线的起点，对其执行对齐锁定操作，如图 5-185所示。

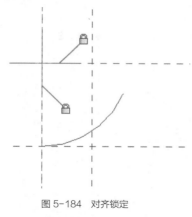

图 5-184　对齐锁定

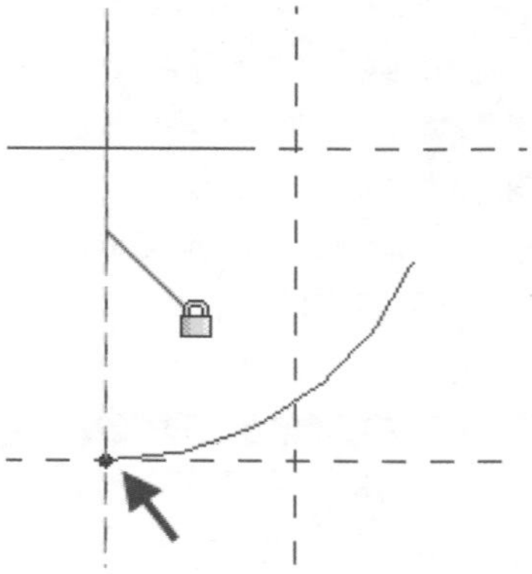

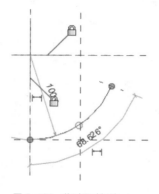

图 5-185　锁定操作

⭐ 10 点击圆弧参照线，则显示半径及角度的临时尺寸标注，如图 5-186所示。

⭐ 11 点击临时尺寸标注，使其转换成永久性尺寸标注，如图 5-187所示。

图 5-186　临时尺寸标注

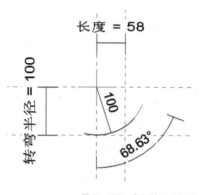

图 5-187　永久性尺寸标注

⭐ 12 选择半径尺寸标注，在"标签"选项列表中选择"转弯半径=风管半径×2=100mm"，如图 5-188所示，使其与族参数相关联。

⭐ 13 选择角度标注，为其指定"标签"参数为"角度=60°"，如图 5-189所示，使其与族参数相关联。

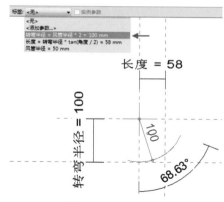

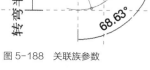

图 5-188 关联族参数

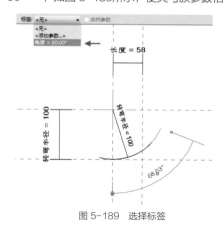

图 5-189 选择标签

3. 创建实体模型

⭐ 01 选择"放样"命令按钮，在"修改|放样"选项卡中点击"拾取路径"命令按钮，选择圆弧参照线，如图 5-190所示。点击"完成编辑模式"命令按钮，完成操作。

⭐ 02 点击"编辑轮廓"命令按钮，调出【转到视图】对话框，选择"立面：Left"选项，即"立面：左"视图，如图 5-191所示。

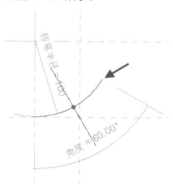

图 5-190 选择圆弧参照线

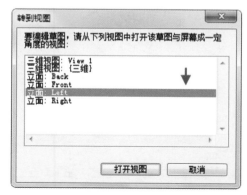

图 5-191 【转到视图】对话框

⭐ 03 在左立面视图中，点击"绘制"面板上的"圆"按钮，点击红色的圆心标记，绘制半径为"12.0"的圆形，如图 5-192所示。

⭐ 04 点击临时半径标注，使其转换为永久性尺寸标注。选择尺寸标注，在"标签"选项表中选择"风管半径=50mm"，使其与族参数相关联，如图 5-193所示。

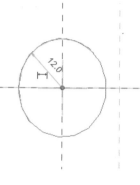

图 5-192 绘制圆形

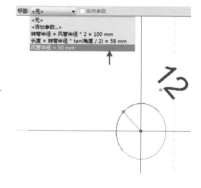

图 5-193 关联族参数

⭐ 05 点击✔按钮，完成绘制轮廓的操作。再次点击✔按钮，完成放样建模，创建弯头三维实体。

⭐ 06 点击快速启动工具栏上的"切换窗口"按钮📷，切换至"楼层平面"视图。

⭐ 07 点击"模型"面板上的"模型线"命令按钮，在"修改|放置线"选项卡中点击"拾取线"按钮，拾取参照线圆弧，将其锁定，如图 5-194所示。

⭐ 08 选择"对齐"命令按钮，选择垂直参照平面，再选择圆弧模型线的起点，将其对齐锁定，如图 5-195所示。

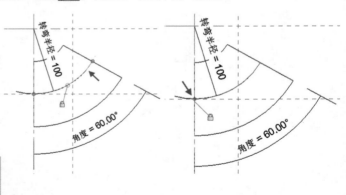

提示

在选择圆弧模型线的端点时，可能会出现选不到的情况，此时按下<Tab>键，切换选择对象，直到显示端点，便点击选定。

图 5-194　锁定操作　　　　　图 5-195　对齐锁定

⭐ 09 选择圆弧模型线，显示其角度临时尺寸标注，点击尺寸标注符号，使其转换为永久性尺寸标注，如图 5-196所示。

⭐ 10 选择角度标注，为其指定"标签"为"角度=60.00°"，如图 5-197所示，使其与族参数相关联。

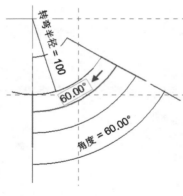

图 5-196　转换尺寸标注

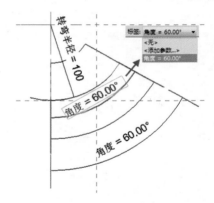

图 5-197　关联族参数

⭐ 11 按住鼠标左键，在绘图区从右下角至左上角拖出选框，选取所有的图形，如图 5-198所示。

⭐ 12 点击"过滤器"命令按钮，调出【过滤器】对话框，仅勾选"参照平面"选项，如图 5-199所示。

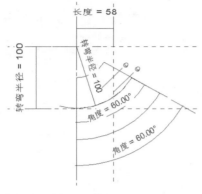

图 5-198　选择所有的图形

图 5-199　【过滤器】对话框

⭐ 13 在"属性"选项板中的"是参照"样式选项列表中选择"非参照"选项，如图 5-200所示，点击"应用"按钮。

⭐ 14 重复操作，更改"参照线"与"线（风管管件）"的"是参照"样式为"非参照"。

⭐ 15 切换到"三维视图"，选择"视图"选项卡，单击"图形"面板上的"可见性/图形"命令按钮，在【三维视图：View 1的可见性/图形替换】对话框中选择"注释类别"选项卡，取消选择"在此视图中显示注释类别"选项，如图 5-201所示，单击"确定"按钮。

图 5-200　选择"非参照"选项

图 5-201　【三维视图：View 1 的可见性 / 图形替换】对话框

提示

将图元设置为"非参照"后，可以防止管件出现族的造型操纵柄，也可防止管件族在项目中被"尺寸标注"或"对齐"等命令捕捉到，进而受到影响。

⭐ 16 绘图区域中弯头三维模型上的注释图元被隐藏，仅显示模型，如图 5-202所示。

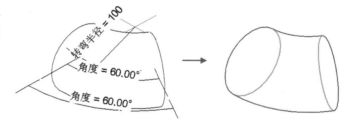

图 5-202　隐藏注释图元

4．添加连接件

⭐ 01 点击"连接件"面板上的"风管连接件"命令按钮，在"修改|放置 风管连接件"选项栏中选择"管件"系统，在绘图区域中选择放样实体的起始端面，作为"连接件1"的放置面，如图 5-203所示。

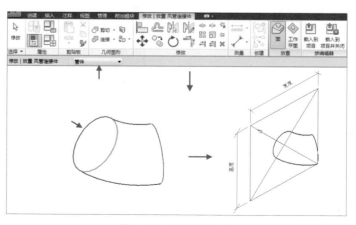

图 5-203　放置"连接 1"

"连接件1"与"连接件2"的外形相同，但是在中心多了一个"十字线"。

⭐ 02 保持"风管连接件"命令在执行状态下，点击放样实体的终止端面作为"连接件2"的放置面，放置连接件的结果如图 5-204所示。

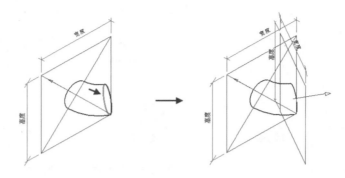

图 5-204　放置"连接件 2"

⭐ 03 选择"连接件1"，在"属性"选项板中点击"造型"选项，在列表中选择"圆形"选项，如图 5-205所示。点击"角度"选项后的"关联族参数"按钮，调出【关联族参数】对话框，选择"角度"选项，如图 5-206所示，然后点击"确定"按钮。

图 5-205　"属性"选项板

图 5-206　选择"角度"选项

⭐ 04 点击"半径"选项后的"关联族参数"按钮，在【关联族参数】对话框中选择"风管半径"选项，如图 5-207所示，点击"确定"按钮，设置参数如图 5-208所示。

图 5-207　选择"风管半径"选项

图 5-208　设置参数

⭐ 05 重复操作，在"连接件2"的"属性"选项板中执行关联族参数操作，结果如图 5-209所示。

⭐ 06 选择"连接件1"，进入"修改|连接件图元"选项卡，点击"链接连接件"命令按钮，如图 5-210 所示。

图 5-209 关联族参数

图 5-210 点击"链接连接件"命令按钮

⭐ 07 点击"连接件2"，建立"连接件1"与"连接件2"之间的链接，如图 5-211所示。

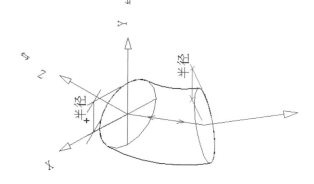

图 5-211 建立链接

第6章

协同工作

Revit MEP提供"链接模型""工作共享""碰撞检查"等功能，以帮助设计团队进行高效的协同设计工作。对同一项目执行协同工作，可使得各工程师之间通过实时的交流来共享设计信息，及时同步项目文件及模拟管线综合，以进行设计管理，提高设计质量。可有效地解决信息交互滞后及各工程设计人员交流不畅的问题。

6.1 "链接模型"功能

启用"链接模型"功能，可以使工作组成员在不同专业项目文件中链接模型以共享设计信息。使用该功能的特点是，各专业文件主体独立，文件较小，有较快的运行速度，而且主体文件可以同步读取链接文件信息以获得链接文件的相关修改通知，然而在主体文件中无法直接编辑链接模型。

本节介绍链接模型、管理及绑定Revit模型的操作步骤，以及使用"复制/监视"功能的方法。

6.1.1 链接模型

1. 插入链接模型

⭐ 01选择一个MEP项目样板文件新建一个项目，或者打开现有的项目。

⭐ 02选择"插入"选项卡，点击"链接"面板上的"链接Revit"命令按钮，如图 6-1所示。

⭐ 03系统调出如图 6-2所示的【导入/链接RVT】对话框，点击"打开按钮"，可执行"链接模型"的操作。

在"定位"选项列表中显示了六种定位方式，其意义分别如下：

"自动-中心到中心"方式：链接文件的模型中心放置在主体文件的模型中心。Revit MEP模型的中心可以通过查找模型周围的边界框中心来确定。

"自动-原点到原点"方式：系统默认的定位方式，将链接文件的原点放置在主体文件的原点上。

"自动-通过共享坐标"方式：该方式仅适用于Revit文件。根据导入的模型相对于两个文件之间共享坐标的位置，放置所导入的链接文件的模型。假如文件之间当前无共享的坐标系，该选项不可启用，系统自动选择"中心到中心"方式。

图 6-1　"链接"面板　　　　　　　　　　图 6-2　【导入 / 链接 RVT】对话框

"手动-原点"方式：用户手动将链接文件的原点放置在主体文件的自定义位置。

"手动-基点"方式：该方式仅用于带有已定义基点的AutoCAD文件。用户手动将链接文件的基点放置在主体文件的自定义位置。

"手动-中心"方式：手动将链接文件的模型中心放置到主体文件的自定义位置。

模型链接至项目文件中后，可对其执行编辑操作，例如复制、粘贴、移动、旋转等。选择链接模型，进入"修改|RVT链接"选项卡，点击"修改"面板中的"锁定"按钮，如图 6-3所示，可将模型图元锁定到位。

锁定图元后，不能对其进行移动，除非将图元设置为跟随附近的图元一同移动或在它所在的标高上下移动。

在项目浏览器中的"Revit链接"列表中查看链接模型，如图 6-4所示。假如链接的源文件被修改，在下次打开项目时该链接模型可自动更新。

图6-4 项目浏览器

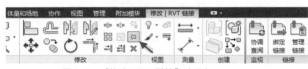

图6-3 "修改|RVT链接"选项卡

2. 链接模型属性

● **实例属性**

选择链接模型，在"属性"选项板中查看其实例属性，如图6-5所示。在"名称"栏中显示链接模型的名称。可自定义名称，但是名称不能与项目中其他模型的名称重复，必须具有唯一性。

点击"共享场地"选项按钮，可指定链接模型的共享位置。

● **类型属性**

在"属性"选项板中点击"编辑类型"按钮，调出如图6-6所示的【类型属性】对话框。

"房间边界"选项：选择该项参数，主体模型可识别链接模型中图元的"房间边界"参数。在链接建筑模型时，一般选择该项，以便读取建筑模型中房间边界信息放置空间。

"参照类型"选项：设置在将主体模型链接到其他模型时，是附着（"显示"）还是覆盖（"隐藏"）该链接模型。

图6-5 "属性"选项板

图6-6 【类型属性】对话框

3. 链接模型的可见性

● **设置视图属性**

建筑、结构模型的视图样板的"规程"一般设置为"建筑"或"结构"，但是MEP项目样板文件中视图样板的"规程"通常设置为"机械"或"电气"。

在建筑/结构模型链接到MEP项目样板文件后，由于所设"规程"的类型不同，可能无法在主体模型的绘图区域中查看链接模型。

在"属性"选项板中点击"规程"选项，在列表中显示了各类规程名称，例如建筑、机械、电气等，选择"协调"选项，如图 6-7所示，可以显示视图的所有规程。

通过使用"视图样板"功能快速修改视图规程的操作步骤如下：

⭐ 01选择"视图"选项卡，点击"图形"面板上的"视图样板"命令按钮，在列表中选择"管理视图样板"选项。

⭐ 02调出【视图样板】对话框，在"规程过滤器"选项以及"视图类型过滤器"选项中选择"全部"选项，在右侧"视图属性"列表中的"规程"选项中选择"协调"，如图 6-8所示。

⭐ 03切换至要修改的视图，在"属性"选项板中的"视图样板"选项中选择一种视图样板（例如"建筑平面"），将其作为默认视图样板。

⭐ 04选择"视图"|"视图样板"选项，在列表中选择"将样板属性应用于当前视图"选项，完成修改。

图 6-7　选择"协调"选项

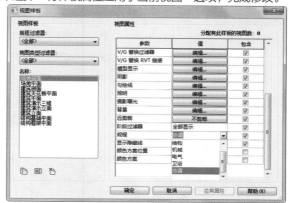

图 6-8　【视图样板】对话框

● 设置参照类型

导入包含链接模型的模型后，子链接模型便成为嵌套链接。嵌套链接在主体模型的显示根据父链接模型中的"参照类型"设置。

选择"管理"选项卡，点击"管理项目"面板上的"管理链接"命令按钮，如图 6-9所示。调出【管理链接】对话框，在"参照类型"列表下包含两个选项，分别是"覆盖"和"附着"，如图 6-10所示。

图 6-9　"管理项目"面板

图 6-10　【管理链接】对话框

选择"覆盖"选项，在父链接模型链接至其他模型中时，不会载入嵌套链接模型，即在项目中不显示这些模型。系统在插入链接模型时，默认选择"覆盖"参照方式。

选择"附着"选项，可显示嵌套链接模型。

在项目浏览器中的"Revit链接"选项中的父链接模型下查看可见的嵌套链接，在【管理链接】对话框中不显示嵌套链接。

● 设置可见性/图形替换

选择"视图"选项卡，点击"图形"面板上的"可见性/图形"命令按钮，调出【可见性/图形替换】对话框，选择"Revit链接"选项卡。在选项卡中，主体模型的链接模型按照树状结构排列，父节点表示单独文件（即主链接模型），子节点表示项目中模型的实例（即副本）。

修改父节点可影响所有的实例，修改子节点却仅影响该实例。如图 6-11所示，"工厂办公楼-1.rvt"为主链接模型，"1"是其所包含的两个实例名称。

"可见性"选项：勾选选项，可显示视图中的链接模型。

"半色调"选项：勾选选项，按照半色调显示链接模型。

"显示设置"选项：单击选项按钮，调出如图 6-12所示的【RVT链接显示设置】对话框，在其中设置链接模型在主体模型中的显示方式。

"按主体视图"方式：链接模型及嵌套链接模型的显示按主体项目的视图设置。

"按链接视图"方式：链接模型及嵌套链接模型的显示按其链接模型本身的视图设置。

"自定义"方式：可对链接模型及嵌套模型的显示进行控制。

图 6-11 【可见性/图形替换】对话框

图 6-12 【RVT 链接显示设置】对话框

选择链接模型实例，即"工厂办公楼-1.rvt"下的1，需要在【RVT链接显示设置】对话框中先勾选"替换此实例的显示设置"选项，才可进行设置操作。

4. 查看链接模型中的图元

● 标记图元

选择"注释"选项卡，点击"标记"面板上的"全部标记"命令按钮，调出【标记所有未标记的对象】对话框，选择"包括连接文件中的图元"选项，如图 6-13所示，可以在标记主体模型中的图元的同时标记链接图元。

在主体视图中，当标记链接模型的图元时，这些标记仅存在于主体模型中，不存在于链接模型中。假如在标记了链接模型中

图 6-13 【标记所有未标记的对象】对话框

的图元后，卸载或丢失了链接模型，标记便不再显示在主体模型中。待链接模型恢复后，标记可重新显示在原来的位置。假如删除了链接模型，标记会从主体模型中删除，当再次链接模型后，必须重新添加标记。

● 复制图元

链接模型中的图元可以通过剪贴板被复制粘贴至主体模型中。

⭐01将鼠标指针在置于链接模型中的图元上，按下<Tab>键至图元高亮显示，单击鼠标左键，选中图元。

图 6-14 "剪贴板"上的"复制"按钮

⭐02点击"剪贴板"上的"复制"按钮，如图 6-14所示，将其复制于剪贴板上。

⭐03此时"粘贴"按钮被激活，点击按钮，调出如图 6-15所示的【重复类型】对话框，提示当前已存在图元类型，点击"确定"按钮。

⭐04单击鼠标左键以放置图元，完成复制操作。

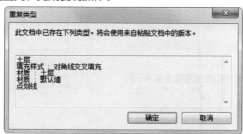

图 6-15 【重复类型】对话框

5. 协调主体

图元被孤立的情况有两种：第一种，是在主体项目中添加了一个以链接模型中某图元为主体的图元，但该链接图元后来被移动或者删除；第二种，是在主体项目中为链接模型中某个图元添加了标记，而后来从链接模型中删除了该链接图元，标记因此而被孤立。

假如项目文件中出现孤立图元，在打开主体项目时，系统显示警告对话框，提示需要协调主体。

● 查看孤立图元

选择"协作"选项卡，点击"坐标"面板上的"协调主体"命令按钮，如图 6-16所示，在工作界面的左侧显示"协调主体"选项板，如图 6-17所示。

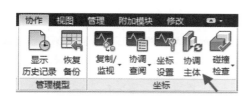

图 6-16 "坐标"面板

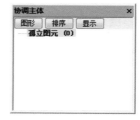

图 6-17 "协调主体"选项板

在"孤立图元"列表中显示当前项目文件中所包含的孤立图元信息，假如无孤立图元，则列表为空白显示。点击"图形"按钮，调出如图 6-18 所示的【图形】对话框，指定图形显示的线宽、颜色以及填充图案的样式。点击"排序"按钮，在【排序】对话框中设置列表排序的规则。点击"显示"按钮，可在绘图区域中放大并高亮显示孤立图元。

图 6-18 【图形】对话框

● **变更孤立图元的主体**

在"协调主体"选项板中选择孤立图元，单击鼠标右键，选择"拾取主体"选项，在绘图区域中选择新主体，完成变更孤立图元主体的操作。或者在右键菜单列表中选择"删除"按钮，直接删除孤立图元。

6. 传递项目标准

启用"传递项目标准"工具，可将项目标准从链接模型传递到主体模型。项目标准的类型包括族类型、线宽、材质、视图样板、对象样式等。

选择"管理"选项卡，点击"设置"面板上的"传递项目标准"命令按钮，如图 6-19 所示。调出【选择要复制的项目】对话框，选择要复制的项目标准，如图 6-20 所示，点击"确定"按钮，开始执行传递操作。

也可将某个项目的项目标准复制到另一个项目中，必须同时打开这两个项目，才可执行传递项目标准的操作。

图 6-19 "设置"面板

图 6-20 【选择要复制的项目】对话框

> **提示**
> 传递项目标准中所指的族类型，仅指系统族，不包含载入的族。

6.1.2 管理链接

启用"管理链接"功能，可管理建筑模型、CAD文件、DWF标记文件以及"点云"等的链接。

选择"插入"选项卡，点击"链接"面板上的"管理链接"命令按钮，如图 6-21 所示。或者选择"管理"选项卡，点击"管理项目"面板上的"管理链接"命令按钮，如图 6-22 所示，均可调出【管理链接】对话框。

或者选择链接模型，进入"修改|RVT链接"选项卡，点击"链接"面板上的"管理链接"命令按钮，也可调出【管理链接】对话框。

图 6-21 "插入"选项卡

图 6-22 "管理"选项卡

● 链接文件信息

在【管理链接】对话框中包含五个选项卡，分别为Revit格式、IFC格式、CAD格式、WDF标记、点云，选项卡下包含了有关链接文件的信息，如图6-23所示。

点击"链接名称"选项上方的向下实心箭头，可对表列中的信息执行排序操作。在下次打开对话框时，信息按照上一次所指定的排序方式排序。

"状态"选项：显示在主体文件中是否载入链接文件。

"位置未保存"选项：显示链接模型的位置是否保存在共享坐标系中。

"保存路径"选项：显示链接文件在计算机中的位置。

"路径类型"选项：选择"相对"，当项目文件跟链接文件一起移动到新目录中时，链接可以继续正常工作。选择"绝对"，链接将被破坏，需要重新载入。

"本地别名"选项：显示链接文件的本地位置，假如链接文件已经为中心文件，则该选项为空。

● 链接管理选项

在"链接名称"表列中选择链接文件，通过点击列表下方的选项对链接文件执行相关操作。

"保存位置"按钮：指定保存链接实例的新位置。

"重新载入来自"按钮：假如链接文件已被移动，可更改链接的路径。

"重新载入"按钮：载入最新版本的链接模型。

"卸载"按钮：删除项目中链接模型的显示，但是可保留链接。

"删除"按钮：删除项目中的链接。

"管理工作集"按钮：假如在链接模型中创建了工作集，该按钮亮显。点击按钮，调出【管理链接的工作集】对话框，在其中设置链接模型中工作集的属性。

图6-23　【管理链接】对话框

6.1.3 绑定链接

启用"绑定链接"功能，可将链接模型转换为组并载入到主体项目中，可编辑组中的图元。编组后也可将组转换为链接的Revit模型。

选择链接模型，进入"修改|RVT链接"选项卡，点击"链接"面板上的"绑定链接"命令按钮，如图6-24所示。调出【绑定链接选项】对话框，选择（勾选）要在组内所包含的图元，如图6-25所示，点击"确定"按钮，开始绑定操作。

选择转换后的组，在"修改|模型组"选项卡中的"成组"面板中可对组执行编辑操作。点击"成组"面板中的"链接"命令按钮，调出【转换为链接】对话框，可选择转换方式。

图 6-24 点击"绑定链接"按钮

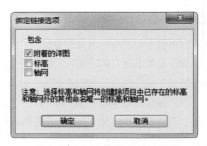

图 6-25 【绑定链接选项】对话框

6.1.4 复制/监视

启用"复制/监视"功能，可以监视主体项目和链接模型之间的图元或某一项目中的图元。当受监视的图元被移动、修改或者删除之后，各设计人员会收到系统的通知，以便设计人员及时调整设计，提高了设计工作的准确性。

Revit MEP将"复制"功能与"监视"功能合称为"复制/监视"功能。这两项功能的区别是，启用"复制"功能需要将链接模型中的图元复制到当前项目，启用"监视"功能，不需要将链接模型中的图元复制到当前项目。

1. 复制

选择"协作"选项卡，点击"坐标"面板上的"复制/监视"命令按钮，在列表中选择"选择链接"选项，如所示，如图 6-26所示。在绘图区域中点击链接模型，进入"复制/监视"选项卡，点击"工具"面板上的"复制"命令按钮，调出"复制/监视"选项栏，如图 6-27所示。

假如要选择多个图元，勾选选项栏中的"多个"选项，在绘图区域中选择多个图元，点击"过滤器"按钮▽，调出【过滤器】对话框，选择要复制的图元类别，点击"确定"按钮，再在选项栏中点击"完成"按钮。最后点击"复制/监视"面板中的"完成"按钮✔，完成复制操作。

图 6-26 "协作"选项卡

图 6-27 "复制/监视"选项卡

2. 监视

点击"复制/监视"选项卡中"工具"面板上的"监视"命令按钮，启用监视功能。使用"监视"功能，不需要将链接模型中的图元复制到当前项目，就可在相同类别的两个图元之间建立关系并进行监视。

假如原始图元被更改，在打开主体项目或者重新载入链接模型时系统会调出警示对话框，提醒图元被更改。不能在不同类别的图元之间建立这种监视关系。

启用"监视"工具后，在绘图区域中点击当前项目中的某一图元，接着选择链接模型中相同类型的某一图元，在被选中的当前项目中某一图元旁边可显示监视符号，提示该图元与链接模型中的原始图元有关。

点击"完成"按钮，结束监视操作。

提示

将模型链接到当前项目并在图元之间建立监视关系后，不要随意更改链接模型或者当前项目的文件名称。假如修改了文件名称，图元之间相应的监视关系便无法保持。

3. 协调查阅

启用"协调查阅"功能，可以查阅有关被移动、修改或者删除的受监视的图元的警告列表。通过查阅警告列表，可以方便各设计人员进行交流，保证设计工作的正常进行。

受监视的图元发生更改，在打开主体项目或重新载入链接模型时会显示警告对话框，如图 6-28所示。点击"展开"按钮，可在消息对话框中查看需要协调的链接模型的信息，如图 6-29所示。

图 6-28 警告对话框

图 6-29 消息对话框

点击"协作"选项卡，点击"坐标"面板上的"协调查阅"命令按钮，在列表中选择"选择链接"选项，如图 6-30所示，调出【协调查阅】对话框，如图 6-31所示。

"成组条件"选项：按照"状态、类别、规则"等方式组织消息，也可选择不同的"成组条件"来修改列表的排序方式。

"操作"选项：在列表中选择某一操作以针对某一修改，这种操作仅对当前项目产生影响，不会对链接模型进行修改。

"注释"选项：点击选项按钮，调出【编辑注释】对话框，在其中为每一个更改的图元添加注释。

"显示"按钮：在"消息"表列中选择图元，点击按钮，在绘图区域中高亮显示该图元。

"创建报告"按钮：在【导出Revit协调报告】对话框中指定文件名称及保存路径，以生成HTML报告，可以保存修改、操作及注释记录。

图 6-30 "协作"选项卡

图 6-31 【协调查阅】对话框

6.2 工作共享

通过Revit MEP中的工作共享操作，可以允许多名工作人员同时对同一文件进行处理。工作共享的优点是协同性更强，保证工作人员及时共享信息，并可便捷地向工作组成员发送变更请求，以快速地进行沟通，保证工作顺利有序地开展。

6.2.1 工作共享模式

使用工作共享方法的要点是，首先创建一个中心文件，存储项目中所有工作集和图元的当前所有权信息。

各工作组成员可以保存各自中心文件的本地副本（即本地文件），并通过编辑本地文件以与中心文件同步。若本地文件发生变更，可将更改发布至中心文件，其他工作组成员可以实时从中心文件中获取更新信息。

工作共享的两种模式如下所述：

⭐ 01项目规模较小时，可以建立一个MEP中心文件，水、暖、电气各专业建立自己的本地文件来开展协同工作。本地文件的数量视项目的具体情况而定，如图6-32所示。

⭐ 02项目规模较大时，水、暖、电气各专业分别建立自己的中心文件，各专业通过链接模型来开展交流，进行协同工作，如图6-33所示。设计人员在本专业中心文件的本地文件上工作，例如，两个电气工作人员在一个电气中心文件上创建各自的电气设计本地文件。在该模式中，各专业模型是独立的，各专业中心文件同步的速度较快，可通过链接模型开展综合设计工作。

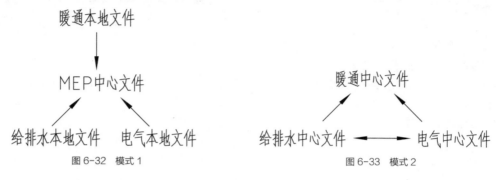

图6-32 模式1　　　　　　　　　　　　　　　　图6-33 模式2

> **提示**
>
> 应使各工作组成员都使用同一版本的Revit软件，以方便开展工作共享。

6.2.2 创建及编辑中心文件

1. 创建中心文件

⭐ 01启用"链接Revit"命令，将建筑、结构中心文件链接到项目样板文件中，并完成基本的设置。具体操作请参考"6.1链接模型"中的介绍。

⭐ 02选择"协作"选项卡，点击"管理协作"面板上的"工作集"命令按钮，如图6-34所示，调出如图6-35所示的【工作共享】对话框。

图6-34 "协作"选项卡

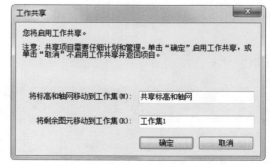

图6-35 【工作共享】对话框

在【工作共享】对话框中显示了默认创建的工作集，即"共享标高和轴网""工作集1"。可以自定义工作集的名称。点击状态栏上的"工作集"按钮🔧，也可调出【工作共享】对话框。在对话框中点击"确定"按钮，调出如图6-36所示的【工作集】对话框。不执行任何操作，点击"确定"按钮关闭对话框。

03点击"菜单浏览器"按钮，在列表中选择"另存为|项目"选项，如图6-37所示。

图6-36 【工作集】对话框

图6-37 浏览器列表

04在【另存为】对话框中设置文件的名称及存储路径，如图6-38所示。点击"选项"按钮，在【文件保存选项】对话框中勾选"保存后将此作为中心模型"选项，如图6-39所示。在"打开默认工作集"选项中选择在本地打开中心文件时对应的工作集设置，默认选择"上次查看的"选项。

05在【另存为】对话框中点击"保存"按钮，目前该文件即为项目的中心文件。

图6-38 【另存为】对话框

图6-39 【文件保存选项】对话框

提示

启用工作共享后首次进行保存，"保存后将此作为中心模型"选项是默认勾选的，并且显示为灰色，不能更改设置。

2. 编辑中心文件

点击"菜单浏览器"按钮，选择"打开|项目"选项，在【打开】对话框中选择已创建的中心文件，并取消勾选"新建本地文件"选项，如图6-40所示。点击"打开"按钮，可打开文件对其执行编辑操作。

执行"保存"命令不可对中心文件执行存储操作，如图6-41所示，在"菜单浏览器"列表中"保存"命令显示为灰色，如所示，表示不可调用。

通过执行两种方式来保存中心文件。第一种，直接关闭中心文件，系统调出【保存文件】对话框，点击"是"选项，保存文件。第二种，执行"另存为"命令，在【文件保存选项】对话框中选择"保存后将此作为中心模型"选项，完成存储操作。

图 6-40　【打开】对话框　　　　　　　　　　　图 6-41　浏览器列表

3. 设置工作集

工作集泛指图元的集合，例如卫浴设备、电气设备、暖通设备等。在一定的时间之内，当某用户成为某个工作集的所有者时，其他用户仅可查看该工作集以及向工作集添加新图元，而假如要修改该工作集中的图元，则需要向该工作集的所有者借用图元。

● 默认工作集

点击状态栏上的"工作集"命令按钮，调出【工作集】对话框。启用工作共享后，系统默认创建几个工作集。通过勾选"显示"选项组下的选项，来控制工作集在名称列表中的显示，如图 6-42所示。

"用户创建"选项：启动工作共享，默认创建两个工作集："共享标高和轴网"包含所有现有的标高、轴网以及参照平面，可执行重命名操作，"工作集1"包含项目中所有现有的模型图元，可重命名，但不可删除。

"项目标准"选项：包含为项目定义的所有项目范围之内的设置，不能重命名或者删除。

"族"选项：向项目中载入的每个族都被指定给各个工作集，不能重命名或者删除。

"视图"选项：包含所有项目视图工作集。

图 6-42　"显示"选项列表

4. 创建工作集

在【工作集】对话框中单击"新建"按钮，调出【新建工作集】对话框。输入新的工作集名称，如图 6-43所示，点击"确定"按钮，完成创建操作。

【工作集】对话框中选项含义如下所述。

"活动工作集"选项：可由当前用户编辑的工作集或

图 6-43　【新建工作集】对话框

者是其他小组成员所拥有的工作集，用户可以向不属于自己的工作集添加图元。活动工作集的名称显示在"协作"选项卡的"管理协作"面板上及状态栏上，如图 6-44 及图 6-45 所示。

图 6-44 "管理协作"面板

图 6-45 状态栏

"以灰色显示非活动工作集图形"选项：选择选项，绘图区域中不属于活动工作集的所有图元均以灰色来显示。

"名称"选项：显示工作集的名称。

"可编辑"选项：选择"是"选项，用户可对工作集作任意修改。

"所有者"选项：在"可编辑"选项中选择"是"，该选项显示所有者名称，反之则以空白显示。

"借用者"选项：显示从当前工作集借用图元的用户名称。

"已打开"选项：显示工作集的状态，即"打开（是）"或"关闭（否）"。

"在所有视图中可见"选项：控制工作集是否显示在模型的所有视图中。

6.2.3 创建本地文件

设备各专业人员打开中心文件，将其另存到自己本地硬盘上，在所创建的本地文件上开展工作。

点击"菜单浏览器"按钮，选择"打开|项目"选项，在【打开】对话框中选择中心文件，选择"新建本地文件"选项。点击"打开"按钮右侧的向下实心箭头，选择需要打开的工作集，如图 6-46 所示，点击"打开"按钮即可。

软件有专门的文件夹来存储用户文件，用户可点击"菜单浏览器"按钮，在列表中点击"选项"按钮，在【选项】对话框中点击"文件位置"选项卡，在"用户文件默认路径"选项中查看保存路径，如图 6-47 所示。点击"浏览"按钮，可修改文件的保存路径。

图 6-46 【打开】对话框

图 6-47 【选项】对话框

创建本地文件的另一方式为，在打开中心文件后，点击"菜单浏览器"按钮，选择"另存为|项目"选项，在【另存为】对话框中设置文件名称及保存路径，点击"保存"即可。

6.2.4 编辑本地文件

1. 使用工作集

首先指定一个活动工作集，再开始编辑本地文件。在"协作"选项卡中的"管理协作"面板上选择活动工作集，或者在状态栏活动工作集列表中选择工作集。

● **打开工作集**

执行"打开|项目"命令，打开本地文件。接着点击状态栏中的工作集命令按钮，调出【工作集】对话框。选择工作集，在"已打开"表列中选择"是"，或者点击右侧的"打开"按钮，可将选中的工作集打开，工作集中所包含的图元都将在项目中显示。

为提高软件性能与操作速度，可在【工作集】对话框中关闭某些工作集。

● **占用工作集**

用户占用工作集后，其他用户就不能对自己所属工作集的图元执行直接的修改。占用工作集的方式如下所述：

✪ 01在【工作集】对话框中选择工作集，在"可编辑"表列下选择"是"，或者点击右侧的"可编辑"按钮。

✪ 02在项目浏览器中，点击选择某个视图，在右键菜单中选择"使工作集可编辑"选项，可使该视图工作集被编辑。

● **设置工作集显示样式**

通过在【可见性/图形替换】对话框中设置参数，可在特定的视图中显示（或隐藏）工作集。选择"视图"选项卡，点击"图形"面板上的"可见性/图形"命令按钮，调出【可见性/图形替换】对话框。

选择"工作集"选项卡，在"可见性设置"表列中设置工作集的可见性。选择"使用全局设置（可见）"选项，即应用在【工作集】对话框中定义的工作集的"在所有视图中可见"设置，如图 6-48所示。

可以设置视图样板工作集的可见性。在"视图"选项卡中的"图形"面板上点击"视图样板"命令按钮，在列表中选择"管理视图样板"选项，在【视图样板】对话框中点击"V/G 替换工作集"选项中的"编辑"按钮，如图 6-49所示，进入【可见性/图形替换】对话框中查看及修改工作集的可见性参数。

图 6-48 【可见性/图形替换】对话框

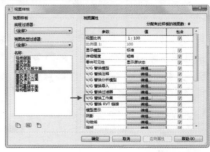
图 6-49 【视图样板】对话框

● **重新载入工作集**

选择"协作"选项卡，点击"同步"面板上的"重新载入最新工作集"命令按钮，可载入最新工作集，可及时将其他工作组成员的修改更新到本地，该操作不会将本地修改发布至中心文件。

2．向工作集添加图元

点击绘图区域中的图元，展开"属性"选项板中的"标识数据"选项组，在"工作集"选项中显示所选图形所在的工作集名称，如图 6-50所示。点击名称选项，在列表中选择其他工作集，点击右下角的"应用"按钮，可将所选图元移动至其他工作集。

图 6-50 显示工作集名称

3. 设置工作共享显示模式

● 工作共享显示设置

在启用工作共享后，在状态上显示“工作共享显示”命令按钮。点击按钮，调出如图 6-51所示的列表，选择选项，可以设置工作共享模式。

工作共享显示设置(S)...
检出状态(C)
所有者(O)
模型更新(M)
工作集(W)
关闭工作共享显示(F)

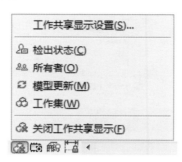

图 6-51　选项列表

选择“工作共享显示设置”选项，调出如图 6-52所示的【工作共享显示设置】对话框，在其中包含四个选项卡，例如“检出状态”“所有者”“模型更新”及“工作集”，可以在对话框中设置以上四项的颜色。

“检出状态”选项卡：显示图元的所有权状态。

“所有者”选项卡：显示图元的特定所有者。

“模型更新”选项卡：显示任何更新或者删除图元的颜色。

“工作集”选项卡：特定工作集中图元的显示颜色。

在“工作共享显示”列表中选择选项，例如选择“工作集”选项，可在绘图区域中以指定的颜色显示该工作集中的图元。

● 工作共享信息提示

在“工作共享显示”列表中选择“工作集”选项，将鼠标左键置于工作集中的某一图元之上，可以显示信息提示框，显示选定图元的相关信息，包括所在工作集、名称、规格、所有者与创建者，如图 6-53所示。

工作共享显示设置
检出状态
所有者
模型更新
工作集
显示颜色
检出状态
颜色
属于我(Administrator)
属于他人
不拥有
确定
取消
应用(A)
帮助

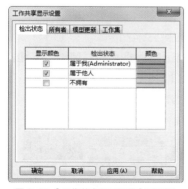

图 6-52【工作共享显示设置】对话框

工作集1 : 卫浴装置 : 浴盆 - 亚克力 : 1500 mmx750 mm
当前所有者: Administrator
创建者: Administrator
中心文件上次更新者: Administrator
请求者: (无)

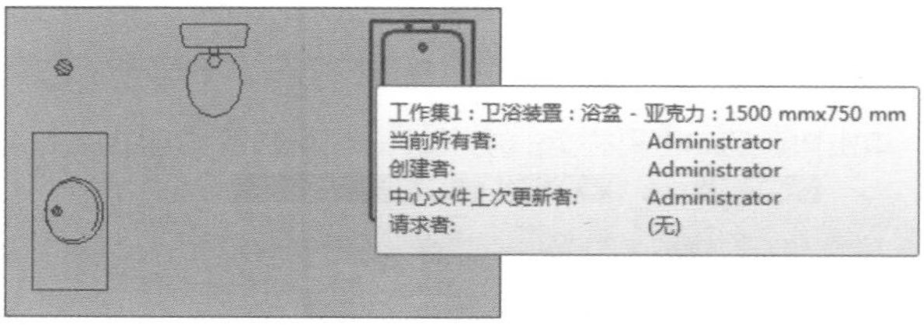

图 6-53　信息提示框

● 设置工作共享显示更新频率

点击“菜单浏览器”按钮，在列表中选择“选项”按钮，调出【选项】对话框。在其中选择“常规”选项卡，在“工作共享更新频率”选项中设置参数。滑动滑块，可以控制更新的时间，从“每60秒”至“每5秒”。将滑块移动至左侧端点，显示“仅手动更新”标注文字，如图 6-54所示。设置为手动更新，工作共享显示不会产生网络流量。

图 6-54 【选项】对话框

6.2.5 保存本地文件

1. 保存操作

在修改本地工作共享文件后未保存便执行退出操作，系统调出【修改未保存】对话框，对话框中显示三种操作供用户选择，即"与中心文件同步""本地保存"及"不保存项目"，分别如下所述。

● 与中心文件同步

可将本地文件所做的修改保存至中心文件中。选择该项，调出【与中心文件同步】对话框，如图 6-55 所示。

"中心模型位置"选项：显示中心模型的位置。

"同步后放弃下列工作集和图元"选项：勾选的选项，表示其他用户可以编辑修改过的工作集和图元，未勾选的选项，表示所做的修改与中心文件同步但是要保持工作集和图元的所有权。

"注释"栏：输入注释内容，可以作为历史记录被保存，方便跟踪工作进度，有助于用户在服务器上根据历史记录找到备份文件。

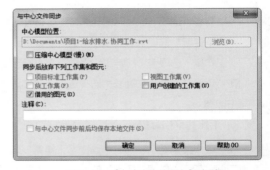

图 6-55 【与中心文件同步】对话框

"与中心文件同步前后均保存本地文件"选项：保证本地文件始终与中心文件同步。

在编辑本地文件的过程中，选择"协作"选项卡，点击"同步"面板上的"与中心文件同步"命令按钮，或者在列表中选择"同步并修改设置"选项，如图 6-56 所示，也可调出【与中心文件同步】对话框。

选择"立即同步"选项，则直接进行同步，不显示对话框，并默认放弃借用图元。

单击快速启动工具栏上的按钮 ，也可执行"与中心文件同步"的操作，如图 6-57 所示。

图 6-56 命令列表

图 6-57 选项列表

● 本地保存

选择"本地保存"选项，调出【将修改保存到本地文件中】对话框，可将所做的修改存储至本地文件中，不使修改与中心文件同步。

对话框中两个操作选项如下所述。

"放弃没有修改过的图元和工作集"选项：保存本地文件，未修改的可编辑的图元和工作集被放弃，其他用户可以获得对这些图元及工作集的访问权限，当前用户仍然是可编辑工作集中任何已修改的图元的借用者。

"保留对所有图元和工作集的所有权"选项：保存本地文件，并保留对借用的图元和拥有的工作集的所有权。

● 不保存项目

选择该项，显示【关闭项目，但不保存】对话框，即放弃对本地文件所做的任何修改，使本地文件恢复到上次保存时的设置。

"放弃所有图元和工作集"选项：放弃对借用的图元和拥有的工作集所执行的所有修改，使得其他用户获得对已修改及未修改的图元及工作集的访问权限。

"保留对所有图元和工作集的所有权"选项：放弃已执行的修改，但是保留对借用图元及拥有的工作集的所有权。

2. 放弃全部请求

选择"协作"选项卡，点击"同步"面板上的"放弃全部请求"命令按钮，如图 6-58所示，可以放弃对借用图元和所拥有的工作集的所有权，并不会将所做的修改发布到中心模型中。

假如由需要保存的修改，则所有权状态不会改变。此时系统调出如图 6-59所示的【不能放弃中心模型中的图元】对话框，提示用户已进行了修改并建议用户与中心模型进行同步。

图 6-58 "协作"选项卡

图 6-59 提示对话框

3. 从中心分离文件

执行"打开|项目"命令，在【打开】对话框中选择"从中心分离"选项，如图 6-60所示。点击"打开"按钮，调出如图 6-61所示的【从中心文件中分离模型】对话框。

通过启用"从中心文件中分离模型"功能，用户可查看该文件并且对其执行编辑修改，而不需要担心借用图元或者拥有图元工作集。在拆离模型后也不能同步其他用户对中心模型所做的编辑。

"分离并保留工作集"选项：选择选项，保留工作集和所有相关图元的分配及可见性设置，在以后将分离的模型另存为新中心文件。

图 6-60 【打开】对话框

图 6-61 【从中心文件中分离模型】对话框

"分离并放弃工作集"选项：选择选项，工作集及所有相关图元的分配和可见性设置被放弃，并且不能恢复。再次打开文件，文件不会有任何路径及权限信息。用户可修改文件中的所有图元，但是不能将修改保存至中心文件。但是可将该文件另存为一个新的中心文件。

AUTODESK
REVIT

第7章

图纸设置

Revit在"图纸组合"面板中提供了设置图纸的各项工具，通过启用这些工具，可以放置视图、创建标题栏、显示修订信息等。本章介绍通过启用这些工具来设置图纸的操作方法。

7.1 创建图纸

图纸的类型有很多种，例如平面视图、立面视图、三维视图等，本节介绍与创建图纸相关的各项操作，如创建标题栏、放置视图等。

7.1.1 图纸

为图纸创建图纸视图后，可将多个图形或者明细表放置在每个图纸视图上。在项目文件中添加图纸后，在项目浏览器中的"图纸（全部）"列表中可观察到当前项目文件中所包含的图纸视图。

选择"视图"选项卡，点击"图纸组合"面板上的"图纸"按钮，如图 7-1所示，调出【新建图纸】对话框。在对话框中显示当前项目文件中所包含的所有标题栏，如图 7-2所示。

图 7-2 【新建图纸】对话框

图 7-1 点击"图纸"按钮

点击"确定"按钮，调出【载入族】对话框。在其中选择标题栏的样式，如图 7-3所示，点击"打开"按钮，将选中的标题栏载入到项目文件中。

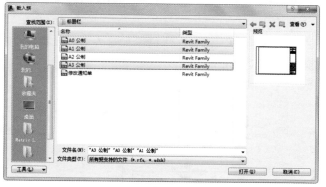

图 7-3 【载入族】对话框

图 7-4 选择标题栏

在【新建图纸】对话框中显示载入标题栏族的结果，如图 7-4所示。选择标题栏，例如"A0公制"标题栏，点击"确定"按钮，可以创建图纸视图。

在项目浏览器中单击展开"图纸（全部）"，在列表中显示当前项目文件中所包含的图纸类型，如图 7-5所示。其中，"001-总平面图""002-一层平面图"为系统默认创建，"003-未命名"是用户创建的新图纸视图，默认将其名称设置为"未命名"。

标题栏显示在绘图区域中，如图 7-6所示，可在其中添加图形或者明细表。

图 7-5　项目浏览器

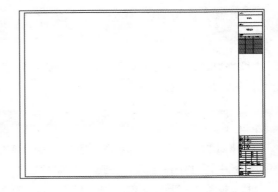

图 7-6　标题栏

在【新建图纸】对话框中显示各种样式的标题栏，在选用标题栏时，应了解各种样式的标题栏的尺寸，见表 7-1。

表 7-1　标题栏尺寸表

单位：mm

模板	模板尺寸	图纸实际尺寸
A0 公制	1190×840	1189×841
A1 公制	841×594	841×594
A2 公制	594×420	594×420
A3 公制	420×297	420×297
A4 公制	297×210	297×21

7.1.2　标题栏

用户可以使用从外部载入的标题栏，也可使用族样板来创建标题栏，还可通过修改已有的标题栏，使其符合自己的使用需求。

图纸标签位于标题栏的右侧，上部分显示客户姓名、项目名称以及修订明细表，如图 7-7所示；图纸标签的下部分显示设计单位信息、项目信息以及图纸会签，如图 7-8所示。

图 7-7　修订明细表

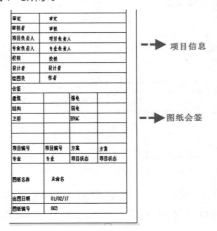

图 7-8　其他信息

1. 客户姓名/项目名称

在"客户姓名"信息栏中双击鼠标左键，进入在位编辑状态，如图 7-9所示。输入姓名，在空白处单击鼠标左键，可修改客户姓名，如图 7-10所示。

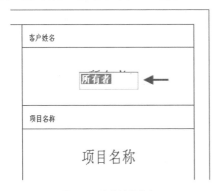

图 7-9 在位编辑状态

图 7-10 修改客户姓名

修改项目名称的方法同上所述，修改结果如图 7-11所示。也可以先选择信息文字，再在文字上单击鼠标左键，也可进入在位编辑状态。输入文字后，按下<Enter>键，也可退出输入状态。

图 7-11 修改项目名称

2. 修订明细表

在图纸中创建修订云线后，修订信息将显示在修订明细表中。修订明细表不能在项目文件中编辑，必须要进入标题栏族编辑器中。

选择标题栏，进入"修改|图框"选项卡，点击"编辑族"按钮，如图 7-12所示，进入族编辑器。将鼠标指针置于修订明细表上，明细表以蓝色高亮显示，如图 7-13所示，表示可选中且独立编辑。

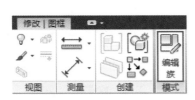

图 7-12 单击"编辑族"按钮

图 7-13 高亮显示

选中明细表后，点击激活表列中的三角形实心夹点，向左/向右移动鼠标，可以调整表列的宽度，如图

7-14所示。激活下方边界的蓝色圆形实心夹点，向下移动鼠标，可增加表行，向上移动鼠标，可减少表行，如图 7-15所示。

图 7-14　修改列宽　　　　　　　　　　　　　　图 7-15　增加表行

在选项栏上点击"在图纸上旋转"选项，在列表中显示可对修订明细表执行90°角的旋转，如图 7-16所示。对明细表执行旋转操作的结果如图 7-17所示。通常情况下保持默认的角度即可。

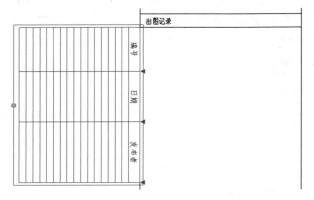

图 7-16　选项列表　　　　　　　　　　　　　　图 7-17　调整角度

3. 项目信息/图纸会签

选择图框，如图 7-18所示，在"属性"选项板中输入相应选项的信息，例如"图纸名称""图纸编号"等，如图 7-19所示。

图 7-18　选择图框　　　　　　　　　　　　　　图 7-19　"属性"选项板

选择"管理"选项卡，点击"设置"面板上的"项目信息"按钮，如图 7-20所示，打开【项目属性】对话框。在"其他"选项组中设置"项目发布日期"及"客户姓名"等参数，如图 7-21所示。

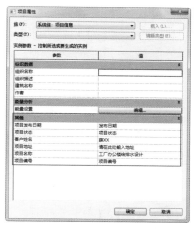

图 7-20 点击"项目信息"按钮

图 7-21 【项目属性】对话框

7.1.3 视图

本节介绍添加视图及编辑视图的操作方法。

1. 添加视图

选择"视图"选项卡，点击"图纸组合"面板上的"视图"按钮，如图 7-22所示，调出【视图】对话框。选择待添加的视图，如图 7-23所示，点击"在图纸中添加视图"按钮。

图 7-22 点击"视图"按钮

图 7-23 【视图】对话框

单击鼠标左键放置视图，如图 7-24所示。或者在项目浏览器中选择视图，如图 7-25所示，按住鼠标左键不放，将其添加到标题栏中。

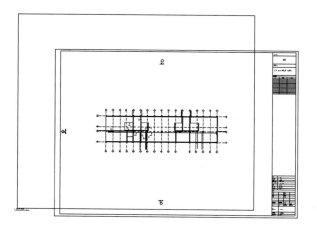

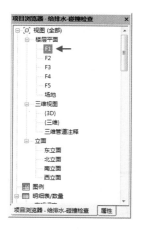

图 7-24 放置视图

图 7-25 选择视图

● 视图标题

将视图放置在图纸上后，同步生成视口，视图位于视口边框内。在生成视口的同时，在右下角也为视图添加一个视口标题，如图 7-26所示。视口标题带了水平延伸线，而且样式也不符合使用习惯，用户可对其执行修改。

选择视口标题，点击"属性"选项板上的"编辑类型"按钮，打开【类型属性】对话框。在"标题"选项中选择标题的类型，取消选择"显示延伸线"选项，可将标题中的延伸线隐藏。然后可修改"线宽""颜色"选项参数，如图 7-27所示。

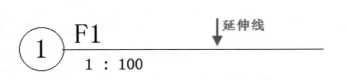

图 7-26　视图标题　　　　　　　　　　　　图 7-27　【类型属性】对话框

点击"确定"按钮关闭对话框完成修改视口标题的操作，标题的内容可在"属性"选项板中修改。在"属性"选项板中的"视图名称"选项中输入名称参数，如图 7-28所示，点击"应用"按钮。

此时调出如图 7-29所示的提示对话框，提问用户是否同步重命名相关视图，点击"是"按钮，确认系统的选择。

图 7-28　修改视图名称　　　　　　　　　　图 7-29　提示对话框

修改视图标题的内容如图 7-30所示。选择视图标题，按住鼠标左键不放，将标题拖曳至平面图下方，如图 7-31所示。

F1管道平面图　1：100

图 7-30　修改内容

图 7-31 调整位置

● 裁剪视图

选择视口，在"属性"选项板中选择"裁剪视图"选项，如图 7-32所示，进入"修改|视口"选项卡。

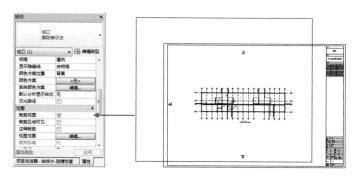

图 7-32 选择"裁剪视图"选项　　　　　图 7-33 单击"尺寸裁剪"按钮

在选项卡中点击"尺寸裁剪"按钮，如图 7-33所示，打开【裁剪区域尺寸】对话框。在对话框中设置裁剪尺寸及裁剪偏移参数值，如图 7-34所示。点击"确定"按钮关闭对话框，可按所设置的参数裁剪视图，如图 7-35所示。用户可自定义【裁剪区域尺寸】对话框中的参数，使得视图的裁剪结果符合使用条件。

图 7-34 【裁剪区域尺寸】对话框

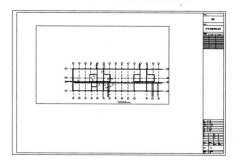

图 7-35 裁剪视图

2. 编辑视图

● 对齐视图

对齐视图有两种方式，一种是运用导向轴网，另一种是选择图纸拖曳以将其对齐。

（1）导向轴网。选择"视图"选项卡，点击"图纸组合"面板上的"导向轴网"按钮，如图 7-36 所示，调出【指定导线轴网】对话框。在对话框中，系统默认设置名称为"导线轴网1"，如图 7-37所示。

图 7-36 单击"导向轴网"按钮

图 7-37 【指定导线轴网】对话框

点击"确定"按钮关闭对话框，导向轴网布满标题栏，如图 7-38所示。以网格为参照点，选择视图执行对齐操作。

对齐操作完毕后，在图纸"属性"选项板中点击"导向轴网"选项，在列表中选择"＜无＞"选项，如图7-39所示，可隐藏导向轴网。

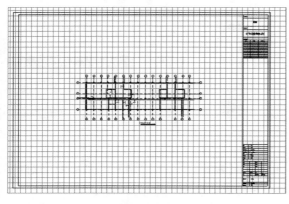

图 7-38 导向轴网　　　　　　　　　　　　　　　　图 7-39 选择"＜无＞"选项

另一种隐藏导向轴网的方式是：在"图形"面板上点击"可见性/图形"按钮，调出【可见性/图形替换】对话框。选择"注释类别"选项卡，在列表中取消选择"导向轴网"选项，如图 7-40所示，点击"确定"按钮，在视图中隐藏导向轴网。

（2）拖曳对齐：假如需要对齐两个视图，可以选择并移动其中一个视图，当两个视图的中心对齐时，显示绿色的中心虚线，如图 7-41所示，此时松开鼠标左键，可将两个视图中心对齐。

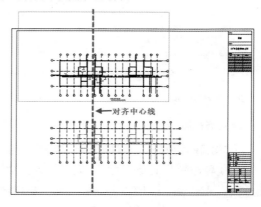

图 7-40 "注释类别"选项卡　　　　　　　　　　　图 7-41 中心对齐

● 拆分视图

将视图分割为几个部分，再分别布置在多张图纸上，可以解决因为图纸过于复杂而产生的辨识困难的问题。

在项目浏览器中选择待拆分的视图，单击鼠标右键，在右键菜单中选择"复制视图|复制作为相关"选项，如图7-42所示。重复同样的操作，复制两个作为相关的视图，在主视图下显示复制结果，如图7-43所示。

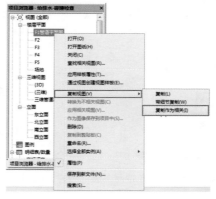

图 7-42 选择"复制作为相关"选项　　　　图 7-43 复制视图

转换至"从属1"视图，在"修改|楼层平面"选项卡中点击"尺寸裁剪"按钮，在调出的【裁剪区域尺寸】对话框中设置裁剪区域尺寸，如图 7-44所示。也可以激活裁剪边框上的蓝色实心圆点，移动鼠标，调整边框的位置，结果如图 7-45所示。

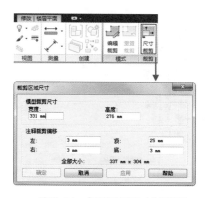

图 7-44　【裁剪区域尺寸】对话框

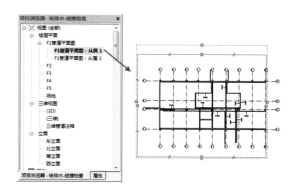

图 7-45　调整边框的位置

转换至"从属2"视图，通过调整蓝色实心圆点的位置来调整裁剪边框的大小，如图 7-46所示。

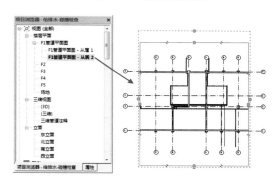

图 7-46　调整裁剪边框

转换至主视图，在"图纸组合"面板中点击"拼接线"按钮，进入"修改|创建拼接线草图"选项卡，在"绘制"面板上点击"直线"按钮，在绘图区域中点击指定起点与终点，绘制拼接线如图 7-47所示。

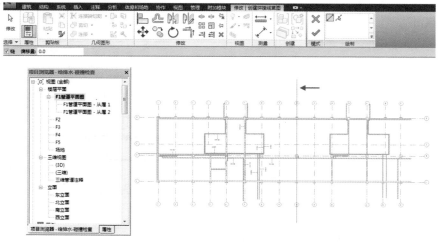

图 7-47　绘制拼接线

分别转换至从属1视图与从属2视图，调整裁剪边框，使其与拼接线重合，如图 7-48所示。启用"图纸"命令，新建图纸视图。然后在新的图纸视图中启用"视图"命令，在【视图】对话框中选择从属1视图，如图 7-49所示，将其添加到新的图纸视图中。

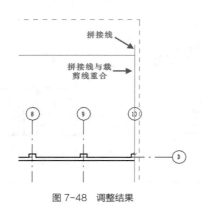

图 7-48 调整结果

图 7-49 【视图】对话框

如图 7-50所示为将裁剪后的图纸添加到图纸视图中的结果，视图标题的样式沿用已有图纸视图中所设定的样式。在项目浏览器中显示分别为两个从属视图所创建的图纸视图，继承已有图纸视图的命名编号，分别被命名为"004"及"005"，如图 7-51所示。

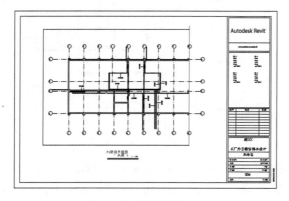

图 7-50 添加到图纸

图 7-51 从属视图

● 锁定视图

选择视口，点击"修改|视口"选项卡中"修改"面板上的"锁定"按钮，如图 7-52所示，可将视口锁定在图纸中的指定位置。视口被锁定后，显示锁定符号，如图 7-53所示。

要解锁视口，首先选定视口，然后点击"修改"面板上的"解锁"按钮，可解除锁定。

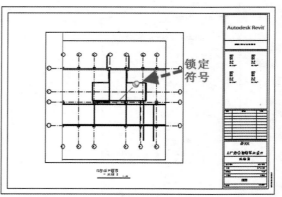

图 7-53 锁定视口

图 7-52 点击"锁定"按钮

7.1.4　外部信息

图纸上的外部信息包括文字、图像，本节介绍添加这些外部信息的操作方式。

1. 外部文字

选择"注释"选项卡，点击"文字"面板上的"文字"按钮，如图7-54所示，进入"修改|放置文字"选项卡。在"属性"选项板中调出类型列表，在其中选择文字的字体及字高样式，如图7-55所示。

图 7-54　点击"文字"按钮

图 7-55　文字类型列表

点击"编辑类型"按钮，进入【类型属性】对话框。在"图形"选项组下设置标注文字的颜色、线宽、背景等参数，在"文字"选项组下选择文字的字体、大小、标签尺寸，如图 7-56所示。例如选择"粗体""斜体"及"下划线"选项，可更改文字的显示样式。

在图纸上指定矩形对角点，弹出在位编辑框，如图 7-57所示，输入文字，还可以在"格式"面板上选择文字的显示样式或者对齐样式。

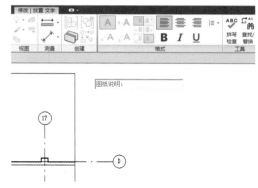

图 7-56　【类型属性】对话框

图 7-57　在位编辑框

2. 图像

选择"插入"选项卡，点击"导入"面板上的"图像"按钮，如图 7-58所示，打开【导入图像】对话框。在对话框中选择图像文件，如图7-59所示，点击"打开"按钮执行"导入"操作。

Revit可从外部导入格式为"bmp""jpg""jpeg""png"及"tif"的图像文件。

图 7-58　点击"图像"按钮

图 7-59　选择图像文件

在图纸中单击鼠标左键，指定图像的位置，导入图像的结果如图 7-60所示。激活图像对角点的蓝色实心圆点，移动鼠标，可以调整图像的大小，如图 7-61所示。

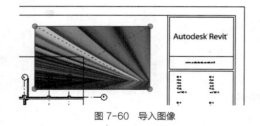

图 7-60　导入图像

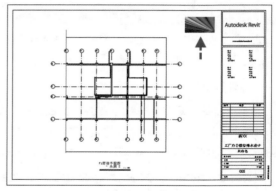

图 7-61　调整图像大小

7.1.5　图例

选择"视图"选项卡，点击"图例"按钮，在列表中显示两种类型的图例，如图 7-62所示，分别是"图例"以及"注释记号图例"。

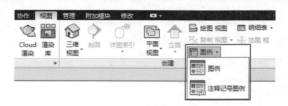

图 7-62　"图例"列表

"图例"命令：该命令用来创建项目中使用的建筑构件和注释的列表。可放置在图纸视图中的任何图元，例如详图线、文字、尺寸标注以及填充区域，都可放置在图例中，也可将图例添加到多张图纸中去。

"注释记号图例"命令：用来创建项目中使用的注释记号的列表，及注释记号的定义。可创建注释记号图例，以方便将常见类型的注释记号组成一组。

1. 图例

注释图例：类型如标高标记、剖面标头、修订标记，符号带有描述性文字，用于图纸注释。

符号图例：指图元标识的符号及描述性文字，类型有电气设备、消防设备、建筑设备等。

线样式图例：常见的类型有防火等级线、电气线路、中心线等，用来指明线样式在图纸中所表示的内容。

材质图例：用来表示截面或者填充图案，以及与材质相关的描述性文字。

启用"载入族"命令，在【载入族】对话框选择"注释符号"文件夹，在其中显示注释符号的类型，例如电气、建筑、结构，如图 7-63所示，还有风管、机械、消防等类型的注释记号。

点击展开文件夹，在其中显示该类型所包含的注释符号样式，例如在"电气"文件夹中便包含灯具注释、按钮注释等符号类型，如图 7-64所示。

图 7-63　【载入族】对话框

图 7-64　电气注释符号

2. 图例视图

在"创建"面板上点击"图例"按钮,在列表中选择"图例",调出【新图例视图】对话框。在"名称"栏中输入名称参数,接着点击"比例"选项,在列表中选择比例,如图7-65所示,点击"确定"按钮,创建图例视图。

在项目浏览器中点击展开"图例",在列表中可显示已创建的图例视图,如图7-66所示。

图7-65 【新图例视图】对话框

图7-66 图例视图

点击展开"族",在"注释符号"列表中显示当前项目文件所包含的所有注释符号,如图7-67所示。选择其中一项,按住鼠标左键不放,将其拖至绘图区域中,可将符号添加到图例视图,如图7-68所示。

图7-67 符号列表

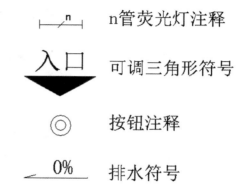

图7-68 图例符号

选择已添加的符号,在"属性"选项板中显示其属性参数。调出类型列表,选择其他类型的符号,如图7-69所示,可更改选中符号的样式。

选择"注释"选项卡,点击"符号"面板上的"符号"按钮,如图7-70所示,在"属性"选项板中的类型列表中选择符号,在绘图区域中单击指定符号的位置,也可放置图例符号。

图7-69 类型列表

图7-70 点击"符号"按钮

3. 将图例添加至标题栏

新建图纸视图，在项目浏览器中选择图例视图，按住鼠标左键不放，将其拖动至标题栏中，如图 7-71所示。系统可以自动创建视图标题栏，选择标题栏，移动鼠标调整其位置。

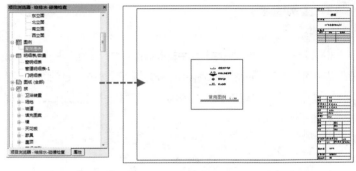

图 7-71　添加至标题栏

或者点击"图纸组合"面板上的"视图"按钮，调出【视图】对话框，在其中选择图例视图，如图7-72所示。点击"确定"按钮关闭对话框，点取图例视图的位置，可完成添加至标题栏的操作。

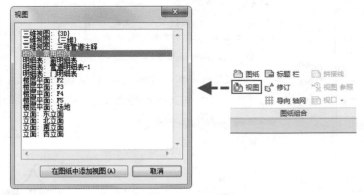

图 7-72　【视图】对话框

7.1.6 图纸明细表

Revit中可以创建各种类型的明细表，例如明细表/数量、图形柱明细表、材质提取明细表、图纸列表、注释块、视图列表。其中"图纸列表"指项目中所有图纸的明细表，作为图形索引或者图纸索引，可以用来管理图纸。

选择"视图"选项卡，点击"创建"面板上的"明细表"按钮，在列表中选择"图纸列表"选项，如图7-73所示，调出【图纸列表属性】对话框。

在"字段"选项卡中选择所需的"可用字段"，将其添加至"明细表字段"列表中，如图 7-74所示。

图 7-73　选择"图纸列表"选项

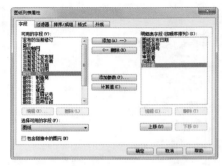

图 7-74　添加字段

选择"排序/成组"选项卡，设置"排序方式"，如图 7-75所示。然后在"外观"选项卡中设置明细表文字的样式及字体，如图 7-76所示。

图 7-75 设置排序方式

图 7-76 "外观"选项卡

点击"确定"按钮，转换至明细表视图，为图纸列表的创建结果，如图 7-77所示。

<图纸列表>						
A	B	C	D	E	F	G
图纸发布日期	图纸名称	图纸编号	审图员	审核者	绘图员	设计者
09/16/09	总平面图	001	审图员	审核者	作者	设计者
09/26/09	一层平面图	002	审图员	审核者	作者	设计者
01/02/17	未命名	003	审图员	审核者	作者	设计者
01/02/17	未命名	004	审图员	审核者	作者	设计者
01/02/17	未命名	005	审图员	审核者	作者	设计者
01/02/17	未命名	006	审图员	审核者	作者	设计者

图 7-77 图纸列表

在"图纸名称"表列中显示有未命名的图纸，这是因为在创建图纸视图后未及时给图纸重命名，故系统一律采用"未命名"名称命名图纸视图，如图 7-78所示。

在项目浏览器中选择图纸视图，按下<F2>键，调出【图纸标题】对话框，在"名称"选项中输入视图名称，如图 7-79所示，点击"确定"按钮，完成修改。

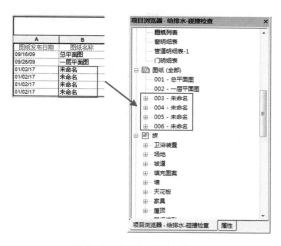

图 7-78 名称为"未命名"状态

图 7-79 【图纸标题】对话框

在项目浏览器中更改视图名称后，明细表自动更新，显示视图名称，如图 7-80所示。也可以在明细表中修改视图名称，在"图纸名称"单元格中单击鼠标左键，进入在位编辑状态，输入图纸名称，如图 7-81所示，更改视图名称后也可将修改结果同步更新到项目浏览器中。

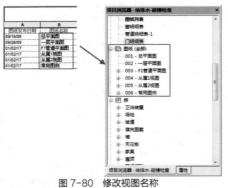

图 7-80 修改视图名称

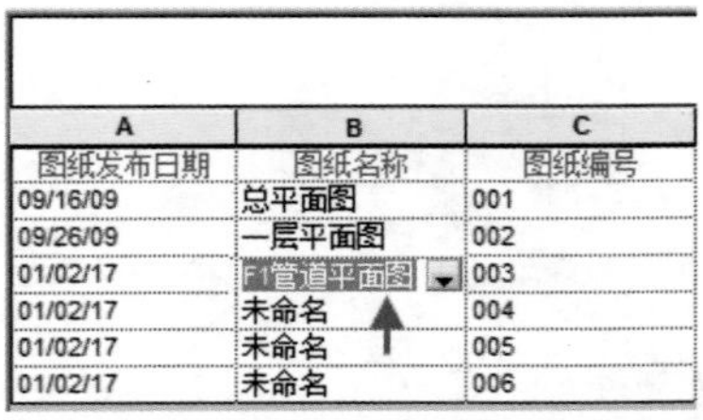

图 7-81 输入名称

7.2 变更图纸

通过在图纸或者当前视图中添加云线批注，提示图纸的修改范围。接着添加并发布修订信息，以便设计人员及时了解图纸的变更信息。

7.2.1 云线批注

本节介绍添加云线批注以及编辑云线批注的操作。

1. 添加云线批注

选择"注释"选项卡，点击"详图"面板上的"云线批注"按钮，如图 7-82所示，进入"修改|创建云线批注草图"选项卡。在"绘制"面板上选择绘制方式，如图 7-83所示，然后在"属性"选项板中设置修订数据。

图 7-82 单击"云线批注"按钮

图 7-83 绘制方式

在"修订"选项中默认设置修订名称为"序列1-修订1"，如图 7-84所示，用户也可自定义名称参数。在绘图区域中点击指定矩形对角点，创建云线批注的结果如图 7-85所示。

图 7-84 "属性"选项板

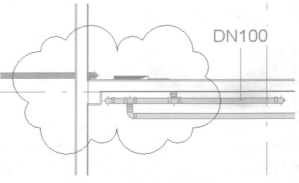

图 7-85 云线批注

2. 编辑云线批注

选择云线批注，进入"修改|云线批注>编辑草图"选项卡，如图 7-86所示，选择编辑工具，编辑已绘云线批注的边界线。

选择"管理"选项卡，点击"对象样式"按钮，如图 7-87所示，打开【对象样式】对话框。

图 7-86 "修改|云线批注>编辑草图"选项卡

图 7-87 点击"对象样式"按钮

在对话框中选择"注释对象"选项卡，在"类别"列表中选择"云线批注"或"云线批注标记"表行，如图 7-88所示，可以修改其线宽、线颜色以及线型图案。

或者在某个视图中选择"视图"选项卡，点击"图形"面板上的"可见性/图形"按钮，如图 7-89所示，调出【可见性/图形替换】对话框。

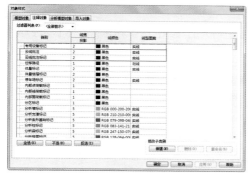

图 7-88 "注释对象"选项卡

图 7-89 单击"可见性/图形"按钮

选择"注释类别"选项卡，选择"云线批注"表行，点击"线"单元格，调出【线图形】对话框，如图 7-90所示。点击"宽度"选项，在列表中选择线宽编号。

点击"颜色"选项，调出【颜色】对话框，如图 7-91所示，选择颜色点击"确定"按钮，可将选定的颜色赋予云线批注。

图 7-90 "注释类别"选项卡

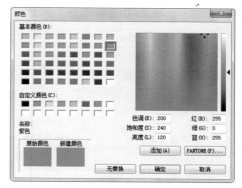

图 7-91 【颜色】对话框

点击"填充图案"选项，在列表中选择云线的线型，如图 7-92所示。返回至【线图形】对话框后，观察设置线宽、颜色、填充图案后的结果，如图 7-93所示。

图 7-92　"线型"列表　　　　　　　　　　　　　　图 7-93　设置参数

7.2.2　发布修订信息

选择"视图"选项卡，点击"图纸组合"面板上的"修订"按钮，如图 7-94所示，打开【图纸发布/修订】对话框。

图 7-94　点击"修订"按钮

在对话框中显示云线批注的信息，用户可分别修改"编号"与"日期"等信息，如图 7-95所示。选择"已发布"选项后，信息将不可变更。假如想要再次编辑修订信息，需要取消选择"已发布"选项。

点击"确定"按钮关闭对话框，完成发布修订信息的操作。转换至图纸视图，在修订明细表中显示已发布的修订信息，如图 7-96所示。

图 7-95　【图纸发布 / 修订】对话框

出图记录		
编号	日期	发布者
1	2016/12/2	绘图员

图 7-96　修订明细表

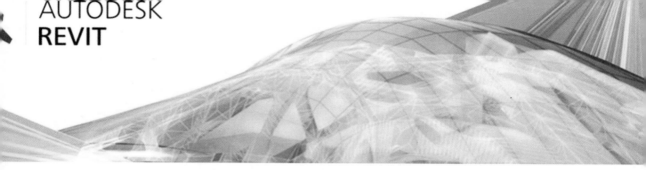

第8章

Revit MEP项目创建

Revit MEP设计不能自行生成，必须在建筑或者结构模型的基础上进行。在开始MEP设计前，需要链接Revit建筑模型或者结构模型，以便开始MEP设计工作。本章介绍Revit MEP项目创建的各项准备工作。

8.1 新建MEP项目

新建MEP项目分为两个步骤，首先新建项目文件，接着在项目文件的基础上连接Revit建筑模型或者结构模型。本书介绍使用Revit MEP在建筑水、暖、电气设计中的运用，因此需要链接至Revit建筑模型。

8.1.1 新建项目文件

点击应用程序菜单按钮 ，在列表中选择"新建"|"项目"选项，如图 8-1所示。在调出的【新建项目】对话框中选择样板文件的类型为"构造样板"，设置"新建"类型为"项目"，如图 8-2所示。

图 8-1　菜单列表　　　　　　　　　　　　　　　图 8-2　【新建项目】对话框

咪击"浏览"按钮，在【选择样板】对话框中选择Default_M_CHS.rte样板文件，如图 8-3所示。单击"打开"按钮，返回【新建项目】对话框，如图 8-4所示。单击"确定"按钮，系统开始执行新建项目的操作。该项目文件可以为MEP三个专业（即水、暖、电）所用，其中包含一些基本族及其他设置。

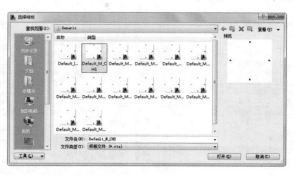

图 8-3　【选择样板】对话框　　　　　　　　　　图 8-4　选择样板的结果

8.1.2 链接模型

通过启用Revit中的"链接"命令，可以将建筑或结构模型链接到项目文件中。选择"插入"选项卡，在"链接"面板中点击"链接Revit"命令，如图 8-5所示。

在调出的【导入/链接RVT】对话框中选择建筑模型文件，如"工厂办公楼.rvt"文件，如图 8-6所示。在"定位"选项中选择"自动-原点到原点"选项，点击"打开"按钮，完成链接RVT模型的操作。

图 8-5 点击"链接 Revit"命令

图 8-6 【导入 / 链接 RVT】对话框

提示

需要将.ret文件另存为.rvt文件，才可以对其执行链接操作。

8.2 复制标高与创建平面视图

将模型链接至项目文件中后，需要对其标高、平面视图执行编辑操作，为后续执行水、暖、电气设计绘图设置好环境。

8.2.1 复制标高

模型被链接至项目文件中后，项目便有了两类标高。一类是项目文件自带的标高，另一类是随着链接操作与模型一起被链接进来的标高。

转换至任意立面视图，可以观察到存在这两类标高。因为项目设计需要的是模型自带的标高，因此需要将项目自带的标高删除。

在立面视图中选择项目自带的标高，按下<Delete>键将其删除。系统调出如图 8-7所示的警示对话框，点击"确定"按钮将其关闭即可，此时系统将与标高相对应的视图删除。

选择"协作"选项卡，在"坐标"面板中单击"复制/监视"按钮，在菜单列表中选择"选择链接"选项，如图 8-8所示。

图 8-7 警示对话框

图 8-8 "协作"选项卡

点击链接模型，进入"复制/监视"选项卡，点击"复制"按钮，接着在"复制/监视"选项栏中勾选"多个"选项，如图 8-9所示，框选所有的模型图元，点击"过滤器"按钮。

在【过滤器】对话框中选择"标高"选项，如图 8-10所示，点击"确定"按钮关闭对话框。点击"复制/监视"选项栏上的"完成"按钮，接着点击"复制/监视"面板中的"完成"按钮，完成复制操作。

图 8-9 "复制/监视"选项卡   图 8-10 【过滤器】对话框

以上操作的结果是既创建了链接模型标高的副本，又使得MEP项目的复制标高与链接模型的原始标高之间建立起监视关系。假如链接模型中的标高发生变更，在开启MEP项目文件时，系统会调出警示对话框以提醒用户。

8.2.2 添加标高

在已有标高的基础上，用户还可以根据需要自行添加标高。

1. 添加标高

转换至立面视图，选择"建筑"选项卡，在"基准"面板上点击"标高"按钮，如图 8-11所示，启动创建标高命令。在"修改"|"放置标高"选项栏中勾选"创建平面视图"选项，如图 8-12所示，可以在创建标高的同时创建与标高相关联的天花板平面图或者楼层平面视图。取消勾选该项，则不创建相关联的平面视图。

点击"平面视图类型"按钮，在【平面视图类型】对话框中显示了将与标高同步被创建的视图类似，系统默认选择三类视图，分别是天花板平面、楼层平面以及结构平面，如图 8-13所示。可以仅选择需要创建的平面视图类型。

图 8-11 "基准"面板   图 8-12 "修改"|"放置标高"选项栏

2. 创建标高

在绘图区域中单击鼠标左键，指定标高线的起点，向左或向右移动鼠标，在合适位置单击鼠标左键，按两次回车键，可以完成创建标高的操作。

选择标高，显示如图 8-14所示的各类符号。如点击"隐藏编号"符号，可以在当前视图中隐藏标高符号及其标注数字。点击"创建或解除约束"符号，可以解锁标高，自由编辑该标高线的长度，而不影响其他标高线。

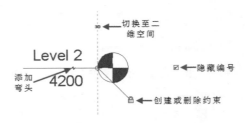

图 8-13 【平面视图类型】对话框   图 8-14 显示符号

点击"添加弯头"符号，可以调整标高编号的位置，如图 8-15 所示，以防止由于编号重叠而产生的辨认不清的情况。默认情况下，标高线的起点与终点可以自动互相对齐。选择标高，出现一蓝色虚线及蓝色的锁以显示标高线对齐，如图 8-16所示。用鼠标左键单击标高起点的模型端点不放，移动鼠标，可以调整标高的位置。

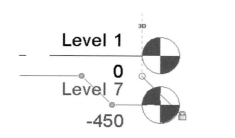

图 8-15　添加折弯

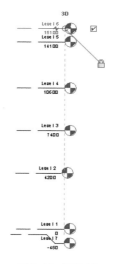

图 8-16　标高对齐

3. 修改标高属性

选择标高，在"属性"选项板中修改其属性。在"属性"面板中的"类型选择器"中提供了四种标高类型供用户选择。

在"立面"选项以及"名称"选项中可以修改标高的高度及其名称，如图 8-17所示。立面图中的标高属性被修改后，楼层平面图、结构平面图以及天花板平面图的名称也被同步更新。

图 8-17　修改标高属性

8.2.3　创建及复制平面视图

1. 创建与建筑模型标高相对应的平面视图

选择"视图"选项卡，单击"创建"选项卡上的"平面视图"命令按钮，在列表中选择"楼层平面"选项，如图 8-18所示。

图 8-18　选择"楼层平面"选项

调出【新建楼层平面】对话框，在其中选择标高，如图 8-19所示。单击"确定"按钮，可以完成复制平面视图的操作。所复制得到的平面视图将显示在项目浏览器中，如图 8-20所示。

重复上述操作，复制天花板平面视图，复制结果到项目浏览器中查看，如图 8-21所示。

图 8-19 【新建楼层平面】对话框　　　图 8-20 复制平面视图　　　图 8-21 复制天花板视图

2. 在已有视图基础上复制视图

在已有视图基础上复制视图的操作方式有两种，介绍如下。

✪ 01选择待复制的视图，点击"视图"选项卡，在"创建"面板上单击"复制视图"命令按钮，在列表中选择"复制视图"选项，如图 8-22所示，可以执行复制视图的操作。

✪ 02在项目浏览器中选择待复制的视图名称，单击鼠标右键，在调出的列表中选择"复制视图"选项，弹出子菜单，选择"复制"选项，如图 8-23所示，完成复制视图的操作。

图 8-22 选择"复制视图"选项

图 8-23 选择"复制"选项

3. 三种复制模式

在执行复制视图操作的过程中，显示了三种复制视图的模式，分别是"复制""带细节复制"及"复制作为相关"三种，以下介绍这三种复制模式的区别。

● **复制**

选择该项复制模式，则视图的专用图元，例如详图构件、尺寸标注，不会跟随视图图元一同被复制。

● **带细节复制**

选择该项复制模式则执行复制视图的操作时，视图的专用图元将跟随视图图元一同被复制，以"复制"模式相反。

● **复制作为相关**

选择该项执行复制操作后，视图副本显示在被复制视图的层级下，相关视图成组，还可像其他视图类型一样进行过滤。在项目浏览器中，查看复制结果，如图 8-24所示。

图 8-24　复制作为相关

4. 设置视图属性

● **重命名视图**

在项目浏览器中选择视图，单击鼠标右键，在列表中选择"重命名"选项，如图 8-25所示。调出如图 8-26所示的【重命名视图】对话框，在"名称"选项中键入新视图名称，点击"确定"按钮，完成重命名操作。

图 8-25　选择"重命名"选项

图 8-26　【重命名视图】对话框

在绘图区域中选择视图，在"属性"选项板中的"名称"选项中修改视图名称，如图 8-27所示。

提示

所设置新视图名称不能与已有的名称相同，否则系统调出如图 8-28所示的【名称重复】对话框，提醒用户重新设置。

图 8-27　"属性"选项板

图 8-28　【名称重复】对话框

8.2.4 项目视图组织结构

在项目浏览器中按照视图或者图纸的属性值对视图和图纸进行组织、排序以及过滤，方便用户查看图纸，视图组织结构如图 8-29所示。

在"视图（全部）"选项上单击鼠标右键，在调出的右键菜单中选择"浏览器组织"选项，如图 8-30所示，调出【浏览器组织】对话框。

图 8-29 视图组织结构   图 8-30 选择"浏览器组织"选项

在【浏览器组织】对话框中"视图"选项卡中显示了各种视图类型，例如"全部""类型/规程"及"阶段"等，如图 8-31所示。点击"新建"按钮，调出【浏览器组织】对话框，在其中新建一个类型。然后，点击右侧的"编辑"按钮，调出【浏览器组织属性】对话框。选择"过滤"选项卡，在其中通过设置"过滤条件"确定所显示的视图和图纸的数量，如图 8-32所示。选择"成组和排序"选项卡，通过在其中设置不同的成组条件、排序方式等自定义项目视图和图纸的组织结构，如图 8-33所示。

图 8-31 【浏览器组织】对话框   图 8-32 "过滤"选项卡   图 8-33 "成组和排序"选项卡

> **提示**
>
> 在"属性"选项板中的"规程"选项中，提供了"建筑""结构""机械""电气""卫浴"及"协调"多个选项供用户选择，也可直接在选项中输入规程名称，然后将相关的视图归类到新的规程中即可。

8.3 视图设置

视图包含多种属性，需要对其进行设置，以符合使用要求。本节介绍视图设置的方式，讲解视图设置中可见性以及视图范围的设置。

8.3.1 设置视图属性

通过设置视图的属性，可以控制视图的各项参数，对视图属性进行设置有两种方式。

⭐ 01在项目浏览器中选择视图名称，单击鼠标右键，在调出的右键菜单中选择"属性"选项，如图 8-34所示。转换至"属性"选项板，如图 8-35所示，在选项板中包含多个选项，例如图形、范围、标识数据、阶段化，单击展开选项栏设置其中的各项参数。该设置只对当前的视图有效。

图 8-34 选择"属性"选项

图 8-35 "属性"选项板

⭐ 02通过"视图样板"来设置视图属性参数。

视图样板包含视图的各项属性，例如视图比例、规程、详细程度等。Revit中包含了多个样本，用户可以根据自己的需要来选用。或者可以自定义样板，然后通过执行"传递项目标准"工具，使得在多个项目之间共用一个样板。用户通过设置视图样板中的公共参数，以便应用到各个视图中去。

设置默认视图样板的步骤为，选择"视图"选项卡，点击"图形"面板上的"视图样板"命令按钮，在下拉列表中选择"管理视图样板"选项，如图 8-36所示。

图 8-36 选择"管理视图样板"选项

调出如图 8-37所示的【视图样板】对话框，在左侧的"视图类型过滤器"列表中选择"全部"，在"名称"选项框中显示全部视图样板的名称。选择其中的一个，在右侧"视图属性"列表中显示了各项属性参数，设置完成后点击"确定"按钮关闭对话框即可。

在"属性"选项板中点击"视图样板"选项后的按钮，如图 8-38所示，调出【视图样板】对话框，在其中选择视图样板，将其应用于当前视图。

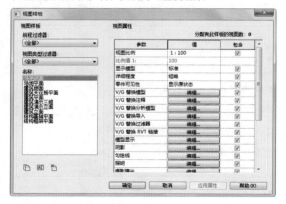

图 8-37 【视图样板】对话框

图 8-38 "视图样板"选项

8.3.2 可见性设置

在"可见性设置"操作中，通过设置视图中"模型类别""注释类别""导入的类别""过滤器"及"Revit链接"等选项，进以控制图元的可见性、截面填充图案、透明等显示效果。

选择"视图"选项卡，点击"图形"面板上的"可见性/图形"命令按钮，调出如图 8-39所示的【可见性/图形替换】对话框。

1. 设置"可见性"

在"可见性"列表下显示了各类图元，被选中的图元可以在视图上显示。点击展开图元名称选项前的"+"按钮，展开类型列表，在类别中可以选择需要显示的图元类别。

在"过滤器"列表中包含了建筑、结构、机械、电气、管道各种类型，勾选其中一项，在"可见性"列表中可以显示相应的图元，勾选全部选项，可以显示所有类型的图元。

图 8-39 【可见性/图形替换】对话框

2. 设置"投影/表面"及"截面"

在"投影/表面"及"截面"列表中可以设置图元的投影/表面、截面的颜色、宽度以及填充图案。点击表行，在显示有"替换"按钮的表列中单击鼠标左键，在调出的对话框中设置选项参数。

3. 设置"半色调"

选择"半色调"选项，可以使得图元的线颜色与视图的背景颜色融合。若图元的线颜色原本为蓝色，选择"半色调"选项，则以灰蓝色显示。

4. 设置"详细程度"

在对话框中默认选择"按视图"，点击选项，在列表中显示"粗略""中等"及"精细"，点击选择其中的一项即可。点击状态栏中的"详细程度"按钮，可以设置视图显示的详细程度。但是当在【可见性/图形替换】对话框中设置了详细程度的类型后（例如精细），即使状态栏上所设置的详细程度有异（例如中等），视图中图元的显示方式按照【可见性/图形替换】对话框中所设置的参数来显示，如精细程度等。

8.3.3 视图范围

建筑平面图中包含有"视图范围"属性，也称为"可见范围"，指用来控制视图中对象的可见性及外观的一组水平平面。

在"属性"选项板中点击"视图范围"选项后的"编辑"按钮，如图 8-40所示，调出如图 8-41所示的【视图范围】对话框。

图 8-40　点击"编辑"按钮

图 8-41　【视图范围】对话框

提示

在【视图样板】对话框中选择"建筑平面"样板，点击右侧的"视图范围"编辑按钮，也可调出【视图范围】对话框。

"顶"选项：在选项列表中设置主要范围的上边界的标高，系统根据所设定的标高及距离该标高的偏移定义上边界。视图中的图元根据对象样式的参数来显示，比偏移值要高的图元不能被显示在视图中。

"剖切面"选项：在选项中显示平面视图中图元的剖切高度，比该剖切面的构件要低的构架以投影显示，与剖切面相交的其他构件显示为截面。被显示为截面的建筑构件包括墙、屋顶、天花板、楼板以及楼梯等。

"底"选项：在选项列表中设置主要范围下边界的标高。选择"标高之下"选项，需要在"偏移量"选项中设置参数值，并必须将"视图深度"设置为低于该值的标高。

"标高"选项："视图深度"指主要范围之外的附加平面。通过设置视图深度的标高，以显示位于底裁剪平面下面的图元。系统默认该标高与底部重合。

8.3.4 启动视图

选择"管理"选项卡，点击"管理项目"面板上的"启动视图"命令按钮，如图 8-42所示，调出如图 8-43所示的【启动视图】对话框。在对话框中点击视图列表，在调出的列表中显示了项目中所包含的所有视图，选择其中的一项，在打开该项目模型时均显示该视图。

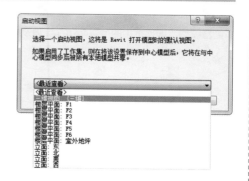

图 8-42　点击"启动视图"按钮

图 8-43　【启动视图】对话框

如在视图列表中选择"三维视图"选项，在打开本项目时，则默认视图为三维视图，如图 8-44所示。

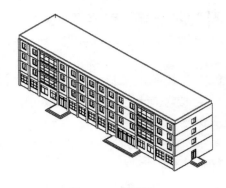

图 8-44　三维视图

8.4　项目设置

项目设置的包括项目基本信息的设置、项目参数、项目单位、标注文字、尺寸标注等，设置完成后，可以保存为Revit样板文件，下次绘图时直接调用，避免重复设置。

8.4.1　设置项目信息

选择"管理"选项卡，点击"设置"面板上的"项目信息"命令按钮，如图 8-45所示，调出如图 8-46所示的【项目属性】对话框。在对话框中设置项目的"组织名称""建筑名称"及"作者"等参数，可将该参数应用于图纸上的标题栏中。

图 8-46　【项目属性】对话框

图 8-45　点击"项目信息"按钮

点击"能量设置"选项后的"编辑"按钮，调出如图 8-47所示的【能量设置】对话框。在"建筑类型"中显示当前项目类型，"位置"可以自定义。"通用"选项组、"详图模型"选项组、"能量模型"选项组中的参数与负荷计算及导出gbXML相关联。

图 8-47　【能量设置】对话框

8.4.2 项目参数

在"设置"面板中点击"项目参数"命令按钮,打开如图8-48所示的【项目参数】对话框。在对话框中显示了项目文件所包含的参数,不会出现在标记中,但是可以应用于明细表中的字段选择。

点击"添加"按钮或者"修改",调出如图8-49所示的【参数属性】对话框。"参数数据"选项组下各选项含义如下:

图 8-48 【项目参数】对话框   图 8-49 【参数属性】对话框

"名称"选项:自定义所添加的项目参数名称。

"规程"选项:设置项目参数的规程,在列表中提供了公共、结构、HVAC、电气、管道、能量供选择。

"参数类型"选项:设置参数类型,有文字、整数、数值、长度、面积等类型供选择,不同的参数类型有不同的特点及单位。

"参数分组方式"选项:设置参数的组别,有尺寸标注、常规、数据、整个图例等方式供选择。

"过滤器列"选项:在列表中提供了建筑、结构、机械、电气、管道五种类别供选择,选择不同的类别,在预览框中显示不同的类别。

8.4.3 项目单位

项目单位决定了项目中各类参数单位的显示格式,直接影响明细表、报告以及打印等输出数据。

在"设置"面板上单击"项目单位"命令按钮,调出如图8-50所示的【项目单位】对话框。在"规程"列表中显示了各种类型的规程,例如公共、结构、HVAC、电气、管道、能量,选择不同的规程,单位列表不同。

点击单位选项后的"格式"按钮,调出如图8-51所示的【格式】对话框,在其中设置单位参数。对话框中各选项含义如下。

"单位"选项:在列表中显示了分米、厘米、毫米等单位类型,点击选择其中的一种。

"舍入"选项:可设置舍入到0个小数位、1个小数位、2个小数位不等,选择"自定义"选项,激活"舍入增量"选项,在文本框中设置小数位。

图 8-50 【项目单位】对话框

"单位符号"选项:选择"无",则不显示单位符号,或者可选择mm(毫米)选项,可在视图中显示单位符号。

"消除后续零"选项:选择选项,取消显示后续零,如将"567.300"显示为"567.3"。

"消除零英尺"选项：控制是否显示零英尺，可将"0′—6′′"显示为"6′′"。

"正值显示+"选项：选择选项，可在整数前加"+"，用于"长度"及"坡度"单位，如可将"50"显示为+50。

"使用数位分组"选项：选择选项，可用"，"将数字分组，如将"3578"分为"3，578"。

"清除空格"选项：选择选项，可消除英尺或者分式英寸两侧的空格，可用于"长度"或"坡度"单位。如可将"2′—3′′"显示为"2′3′′"。

图 8-51 【格式】对话框

8.4.4 设置文字格式

Revit将文字分为两种格式，一种为二维样式，在"注释"面板下的文字，另一种为三维样式，在"设计"面板下的模型文字。

1. 二维格式

标注于二维视图上的文字，属于系统族。选择"注释"选项卡，点击"文字"面板上的"文字"按钮，如图 8-52所示，进入"修改|放置 文字"选项卡，如图 8-53所示，在其中可编辑文字样式，如添加引线、对齐文字等。单击"拼写检查"命令按钮，还可对英文单词执行拼写检查。

图 8-52 点击"文字"按钮

图 8-53 "修改 | 放置 文字"选项卡

点击"文字"面板右下角的"文字类型"按钮 ↘，调出如图 8-54所示的【类型属性】对话框。在其中设置文字标注的图形参数及样式参数，例如颜色、线宽、字体、大小等。

图 8-54 【类型属性】对话框

2. 三维格式

三维格式的文字仅在三维空间显示，可用来标示建筑模型上的标志。选择"建筑"选项卡，点击"模型"面板上的"模型文字"命令按钮，如图 8-55所示，调出如图 8-56所示的【编辑文字】对话框，在对话框中输入文字，点击"确定"按钮即可。

图 8-55 "模型"面板

图 8-56 【编辑文字】对话框

8.4.5 标记

设计中常用的图元标注，例如风管标注、风道标注、采暖器标注等，称为标记，用来识别图纸上的图元注释，与标记相关联的属性可在明细表中查看。

选择"注释"选项卡，在"标记"面板中显示了多种类型的标记，例如"按类别标记""全部标记""多类别""材质标记""面积标记""房间标记"及"空间标记"等。

点击"标记"面板上的"载入的标记和符号"命令按钮，调出【载入的标记和符号】对话框，在对话框中显示了已载入的标记。

> **提示**
>
> 某类别最后一个的载入标记，会成为该类别图元的默认标记。

1. 按类别标记

启用该命令，可以对不同类别的图元进行标记。例如标记风管，需要先载入风管的标记族，以标记风管专有属性的相关的信息。

2. 全部标记

启用命令，视图中未标记的图元被统一标记。点击"全部标记"命令按钮，调出【标记所有未标记的对象】对话框。首先选择标记的方式，如可以选择"当前视图中的所有对象""仅当前视图中的所选对象"或者"包括连接文件中的图元"。接着选择一个或者多个标记类别，通过一次操作可以标记不同类型的图元。

3. 多类别

启用该命令，可以用于根据共享参数，将标记附着到多种类别的图元。启用"多类别"命令，逐个点击当前视图中未标记的图元，可完成标记操作。

在使用该命令进行标记前，需要先创建多类别标记并将其载入项目中，否则，系统调出例如"错误!未找到引用源"。所示的提示对话框，提醒用户载入多类别标记族。需注意的是，要标记的图元必须包括由多类别标记使用的共享参数。

4. 材质标记

启用"材质标记"命令，用于为选定图元材质指定的说明标记选定图元。标记中所显示的材质基于【材质浏览器】对话框中的"标识"选项卡的"说明"字段的值。假如材质标记中显示问号"？"，双击鼠标左键点击该问号以输入标记值，"说明"字段的值将同步更新。

> **提示**
>
> 提示：材质、面积、房间以及空间标记，不可在三维视图中绘制。
> 在放置构件时，如放置风管，在"标记"面板中选择"在放置时进行标记"命令按钮，如错误!未找到引用源。所示，可以在放置构件的同时创建标记。取消选择该命令按钮，则仅放置构件。

8.4.6 尺寸标注

Revit中有两种类型的尺寸标注，一种是临时尺寸标注，另外一种是永久性尺寸标注，是项目中用来显示距离和尺寸的视图专用图元。

1. 临时尺寸标注

选择图元，显示蓝色的临时尺寸标注，如图 8-57所示。临时尺寸标注用来显示所选图元的基本尺寸，以提供参考。取消选择图元，临时尺寸标注被隐藏，不会标注在视图中。

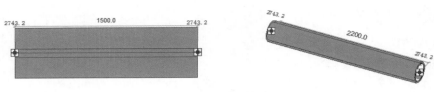

图 8-57　临时尺寸标注

2. 永久性尺寸标注

选择"注释"选项卡，在"尺寸标注"面板上显示了各种类型的永久性尺寸标注，例如"对齐"标注、"线性"标注及"角度"标注等，如图 8-58所示。创建永久性尺寸标注后，标注图元显示在视图中，随着图元被编辑而做出相应的更改。

图 8-58　"尺寸标注"面板　　　　图 8-59　"修改 | 放置尺寸标注"选项栏

主要的尺寸标注命令简介如下：

● **对齐**

"对齐"尺寸标注放置在两个或两个以上平行参照点之间。

● **线性**

启用"线性"标注命令，可以放置水平或者垂直标注，以测量参照点之间的距离。

● **角度**

启用"角度"标注命令，通过放置尺寸标注，以测量共享公共交点的参照点之间的角度。可为尺寸标注选择多个参照点。需要注意的是，每个图元都必须穿越一个公共点。

● **径向**

启用"径向"标注命令，通过放置尺寸，以测量内部曲线或圆角的半径，可以按<Tab>键来切换尺寸标注的参照点。

● **直径**

启用"直径"标注命令，放置一个表示圆弧或圆的直径的尺寸标注。

● **弧长**

启用"弧长"尺寸标注，通过放置尺寸标注，以测量弯曲墙或其他图元的长度。可指定尺寸标注是否测量墙面、墙中心线、核心层表面或者核心层中心的弧长度。

● **高程点**

启用"高程点"命令，可在平面视图、立面视图、三维视图中放置高程点。"高程点"命令通常用来获取坡道、公路、地形表面以及楼梯平台的高程点。

● **高程点 坐标**

启用"高程点 坐标"命令，显示项目中点的"北/南"和"东/西"坐标，可在楼板、墙、地形表面和边界线上放置高程点坐标，也可将高程点坐标放置在非水平表面和非平面边缘上。

● **高程点 坡度**

启用"高程点 坡度"命令，在模型图元的面或边上的特定点处显示坡度，可在平面视图、立面视图及剖面视图中放置高程点坡度。

8.4.7 对象样式

Revit中的对象包括模型对象、注释对象、分析模型对象以及导入的对象四种类型。选择"管理"选项卡，点击"设置"面板中的"对象样式"命令按钮，调出【对象样式】对话框。

在【对象样式】对话框中包含模型对象、注释对象、分析模型对象以及导入的对象选项卡，各选项卡下分为各子类别，例如线宽、线颜色、线型图案、材质，在其中修改参数以控制视图的显示样式。

对象样式各选项简介如下：

1. 线样式

在"设置"面板中点击"其他设置"命令按钮，在调出的列表中选择"线样式"选项，调出【线样式】对话框。点击展开"线"选项前的按钮"+"，用户可以在线宽、线颜色、线型图案表列中设置线属性。

2. 线宽

在"其他设置"列表中选择"线宽"选项，调出【线宽】对话框，其中包含有"模型线宽""透视视图线宽"及"注释线宽"三个选项卡，用户可以在其中设置视图中的线宽参数。

> **提示**
>
> 透视视图线、注释线不会跟随视图比例而发生变化。

3. 线型图案

在"其他设置"列表中选择"线型图案"选项，调出【线型图案】对话框。在"线型图案"列表中选择其中的一类图案，点击"新建"按钮、"删除"按钮、"重命名"按钮，可以新建线型图案子类别，或者删除、重命名线型图案。

点击"编辑"按钮，调出【线型图案属性】对话框，在其中分别设置类型与值参数来定义线型图案。

4. 材质

点击"设置"面板上的"材质"命令按钮，调出如图 8-60所示的【材质浏览器】对话框。在对话框中可以定义模型图元在视图和渲染图像中的外观，还通过说明信息以及结构信息来说明材质的属性，用户也可以自定义材质参数。

在对话框的左侧显示了各类材质名称，点击"项目材质：所有"选项，在列表中显示了各类材质的名称，例如玻璃、常规、混凝土、金属等。选择其中的一类，可以在列表中显示其中所包含的材质，由材质名称与材质图案组成。

点击材质列表左下角的"创建、打开并编辑用户定义的库"按钮，可以执行打开现有的材质库，或者新建、删除材质库等操作。

点击"创建并复制材质"按钮，可以新建材质，或者复制选定的材质。

点击"打开/关闭资源浏览器"按钮，调出如图 8-61所示的【资源浏览器】对话框。在其中显示了各类材质资源，点击展开左侧收藏夹列表中的材质文件夹，可以查看并调用材质。

在对话框的右侧，有"标识""图形""外观""物理"及"热度"五个选项卡。选择"标识"选项卡，包含"说明信息""产品信息"及"Revit注释信息"选项组，在其中显示了材质的相关信息。

　　"图形"选项卡包含"着色""表面填充图案"及"截面填充图案"选项组。用户可以分别设置材质的外观显示颜色、表面与截面的填充图案（颜色）。点击"纹理对齐"按钮，调出【将渲染外观与表面填充图案对齐】对话框。点击箭头，用来调整表面填充图案与渲染外观，直至相互对齐。

　　在"外观"选项卡中，显示了材质的信息、墙漆的属性、染色的类型。点击"墙漆"选项组中的"颜色"按钮，在【颜色】对话框中设置参数。在"饰面"选项中可选择饰面墙漆的类型，在"应用"选项中设置刷漆的方式，例如喷涂、滚涂、喷涂等。

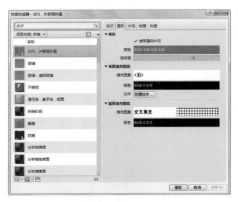
图 8-60　【材质浏览器】对话框

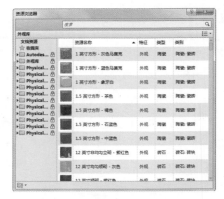
图 8-61　【资源浏览器】对话框

　　点击材质列表右上角的"显示更多选项"向右指示箭头，然后点击"更改您的视图"按钮，在列表中设置材质视图的显示样式。例如选择"缩略图视图"选项，可以在列表中显示材质的缩略图，使得用户在浏览材质名称时，也可预览材质样式，如图 8-62所示。

　　也可选择纯文字样式来显示材质列表，例如选择"文字视图"选项，可以设置排序方式来显示材质名称，如图 8-63所示。用户可以分类别的浏览并调用材质。

图 8-62　预览材质样式

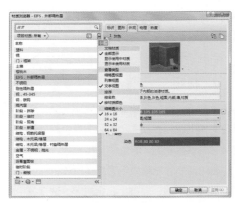
图 8-63　文字视图

AUTODESK
REVIT

第9章

暖通空调设计

Revit MEP提供了强大的暖通空调设计功能，冷热负荷计算工具可以帮助用户进行能耗分析并且生成负荷报告，风管和管道尺寸计算工具可以根据不同算法确定干管、支管及整个系统的管道尺寸，检查工具及明细表，可以帮助用户计算压力和流量等系统信息，并检查系统设计是否合理。

9.1 负荷计算

负荷计算工具采用热平衡法和辐射时间序列法进行负荷计算，可自动识别建筑模型信息，读取建筑构件的面积、体积等数据并进行计算。

9.1.1 基本设置

1. 地理位置

选择与项目距离最近的主要城市或者项目所在地的经、纬度来确定地理位置，系统根据所设置的地理位置确定气象数据以进行负荷计算。

选择"管理"选项卡，点击"设置"面板上的"项目信息"命令按钮，如图 9-1所示，调出【项目属性】对话框，如图 9-2所示。点击"能量设置"命令按钮后的"编辑"按钮，调出【能量设置】对话框。

图 9-1　"设置"面板　　　　　　　　　　图 9-2　【项目属性】对话框

在对话框中点击"位置"选项后的矩形按钮，调出【位置、气候和场地】对话框，在"定义位置依据"选项中选择"默认城市列表"选项，在"城市"选项列表中选择项目位置，如图 9-3所示。

选择"天气"选项卡，在其中设置"加热设计温度"以及"晴朗数"选项参数。选择"场地"选项卡，确定建筑物的朝向及建筑之间的相对位置。

2. 设置建筑/空间类型

点击"设置"面板上的"MEP设置"命令按钮，在调出的列表中选择"建筑/空间类型设置"选项，调出【建筑/空间类型设置】对话框，在其中显示了不同建筑类型及空间类型的能量分析参数，例如人均面积、室内人员散热、照明负荷密度等，如图 9-4所示。

通过根据不同的国家、地区的规范标准以及实际项目的设计要求，对各个能量分析参数进行调整，确保负荷计算结果的正确性。

图 9-3　选择地点　　　　　　　　　　图 9-4　【建筑/空间类型设置】对话框

> **提示**
>
> 点击"项目位置"面板上的"地点"命令按钮，如图 9-1所示，也可调出【位置、气候和场地】对话框。

9.1.2 空间

通过"放置空间",系统可获得建筑中的房间信息,例如周长、面积、体积及朝向等。选择链接模型,点击"修改|Revit链接"选项卡,点击"属性"面板上的"类型属性"命令按钮,调出【类型属性】对话框,在"房间边界"选项后选择复选框,如图 9-5所示,为房间创建边界。

1. 放置空间

● 空间放置

选择"分析"选项卡,点击"空间和分区"面板上的"空间"命令按钮,如图 9-6所示。移动鼠标至链接模型中,可自动捕捉房间边界,单击鼠标左键,完成放置空间的操作。

图 9-5 【类型属性】对话框

图 9-6 "分析"选项卡

在"修改|放置空间"选项卡中点击"空间"面板上的"自动放置空间"命令按钮,如图 9-7所示,系统可自动执行放置空间的操作,并调出如图 9-8所示的提示对话框,提醒已自动创建空间。

图 9-7 "空间"面板

图 9-8 提示对话框

● 设置空间可见性

选择"视图"选项卡,点击"图形"面板上的"可见性/图形"命令按钮,调出【可见性/图形替换】对话框。在"可见性"列表中展开"空间"列表,在其中选择需要在视图中显示的选项,例如内墙、参照、颜色填充等。

● 空间标记

自动放置空间标记:在"修改|放置 空间"面板中点击"在放置时进行标记"命令按钮,如图 9-7所示,在执行布置空间操作时可自动添加标记。

手动放置空间标记:在"空间和分区"面板上点击"空间标记"命令按钮,如图 9-6所示,单击鼠标左键,逐个添加空间标记。

编辑空间标记属性:选择空间标记,在"属性"选项板中可选择标记的类型,如图 9-9所示。

 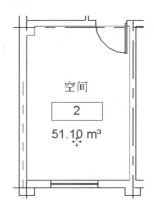

图 9-9   设置标记类型

在"修改|放置 空间"选项栏中，设置放置空间的上限，空间标记的方向，是否带引线，如图 9-10所示。

图 9-10   "修改 | 放置 空间"选项栏

2. 空间设置

● 设置空间属性

选择空间，在"属性"选项板中点击展开"能量分析"选项卡，可显示各项设置参数，如图 9-11所示。根据项目来修改参数，控制空间的属性，为负荷计算提供依据。

● 空间明细表

选择"分析"选项卡，点击"报告和明细表"面板上的"明细表/数量"命令按钮，如图 9-12所示，调出【新建明细表】对话框。

图 9-11   "属性"选项板

图 9-12   "分析"选项卡

在"类别"选项表中选择明细表的类别，例如选择"空间"选项，在"名称"选项栏中即显示类型明细表的名称如"空间明细表"，如图 9-13所示。

点击"确定"按钮，在【明细表属性】对话框中设置明细表中所包含的类型参数，例如在"字段"选项卡中选择相关参数后，可将参数添加到明细表中，如图 9-14所示。选择"过滤器"选项卡及"排序/成组"选项卡，可按照所设定的条件对明细表的信息过滤显示及排序进行操作。点击"确定"按钮，生成明细表。

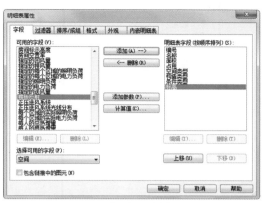

图 9-13 【新建明细表】对话框　　　　　　　图 9-14 【明细表属性】对话框

9.1.3 分区

分区由一个或者多个空间组成。创建分区后，可以为其指定相同的环境（温度、湿度）或者设计需求。新创建的空间被自动放置在"默认"分区下，在执行负荷计算之前，应为空间指定分区。

1. 放置分区

选择"分析"选项卡，在"空间和分区"面板上点击"分区"命令按钮，如图 9-15所示。进入"编辑分区"选项卡，点击"模型"面板上的"添加空间"命令按钮，如图 9-16所示。

在绘图区域中依次点击选择空间，将选中的空间添加到同一个分区中去，然后点击"完成编辑分区"命令按钮，退出操作。

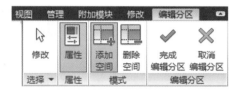

图 9-15 "空间和分区"面板　　　　　　图 9-16 "模型"面板

2. 查看分区

● 系统浏览器

选择"视图"选项卡，在"窗口"面板中点击"用户界面"命令按钮，在列表中选择"系统浏览器"选项，调出【系统浏览器】对话框。在"视图"选项中选择"分区"选项，在"分区"列表中可以显示当前项目的分区信息，点击分区名称展开列表，可查看分区中所包含的空间，如图 9-17所示。

点击"列设置"按钮，调出【列设置】对话框，在其中设置需要在系统浏览器中显示的空间信息。

● 颜色填充图例

选择"分析"选项卡，在"颜色填充"面板上选择"颜色填充图例"命令按钮，在绘图区域中单击鼠标左键以放置图例，同时调出【选择空间类型和颜色方案】对话框。在"空间类型"选项中选择"HAVC区"选项，如图 9-18所示，点击"确定"按钮，可按照所指定的颜色方案填充分区并创建颜色图例，如图 9-19、图 9-20所示。

图 9-17 "系统浏览器"选项板

图 9-18 选择"HAVC 区"选项

方案 1 图例

  2

  3

图 9-19 创建颜色图例

图 9-20 填充分区

点击"分析"选项卡中"空间和分区"面板名称右侧的向下实心箭头,在列表中选择"颜色方案"选项,调出【编辑颜色方案】对话框,在其中设置颜色的类型及填充的样式,还可预览填充效果。

3. 设置分区

选择分区,在"属性"选项板中的"能量分析"选项表中设置属性参数,如图 9-21所示。在"设备类型""盘管旁路""制冷信息""加热信息"及"新风信息"选项中设置参数。其中,点击"制冷信息""加热信息"及"新风信息"选项后的"编辑…"按钮,可调出相应的对话框,用户可在其中设置相关参数。

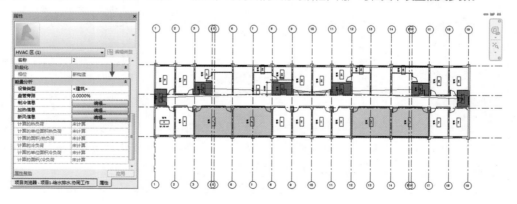

图 9-21 设置分区

9.1.4 热负荷与冷负荷

选择"分析"选项卡,点击"报告和明细表"面板上的"热负荷和冷负荷"命令按钮,如图 9-22所示,对建筑模型开始负荷计算。

在调出的【热负荷和冷负荷】对话框中，左侧预览窗口会显示建筑模型的三维样式。已创建的房间分区模型用以区别于建筑模型的颜色显示，在右侧的属性列表中分为"常规"选项卡与"详细信息"选项卡，如图9-23所示。

在"常规"选项卡中包含建筑模型的信息属性，例如建筑类型、位置、工程阶段等信息。在"详细信息"选项卡中包含空间信息与分析表面信息，选择某个工作空间，可显示与其对应的信息，例如"空间类型""构造类型"等。

参数设置完成后，点击"计算"按钮，以所设定的参数开始负荷计算，并生成负荷报告；也可以点击"保存设置"按钮，保存参数设置，进行下一步操作。

图9-22 "报告和明细表"面板

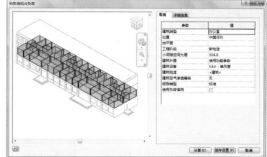

图9-23 【热负荷和冷负荷】对话框

9.2 风管功能

通过按照实际的使用需求设置风管的各项功能属性，可以保证制图的准确性，并提高作图效率，本节介绍风管功能的基本设置。

9.2.1 风管设计参数

风管设计参数包括：风管类型、风管尺寸及风管系统（略）。

1. 风管类型

选择"系统"选项卡，点击"HVAC"面板上的"风管"命令按钮，启用"风管"命令。在"属性"选项板中显示风管的属性参数，如图9-24所示。可选择风管的样式，有三种样式供选择，分别是矩形风管、圆形风管、椭圆风管。点击"编辑类型"命令按钮，调出【类型属性】对话框，如图9-25所示。点击"复制"按钮，以当前风管类型为基础，复制新的风管类型。其中，"粗糙度"参数与风管阻力有直接的关联，可根据风管的材料来设定参数。

点击"布管系统配置"选项后的"编辑"按钮，调出【布管系统配置】对话框，如图9-26所示。在其中显示各类风管构件，在选项列表中选择构件类型，可将其赋予当前选定的风管。需注意的是，很多构件类型系统项目模板并不自带，需要点击"载入族"按钮，从外部载入。假如当前项目中没有指定的构件，则会在选项中显示"无"例如（当前列表中"连接"选项）。

图9-24 "属性"选项板

图9-25 【类型属性】对话框

图9-26 【布管系统配置】对话框

2. 风管尺寸

选择"管理"选项卡，点击"设置"面板上的"MEP设置"命令按钮，在调出的列表中选择"机械设置"选项，如图 9-27所示。也可以选择"系统"选项卡，点击"机械"面板名称右侧的"机械设置"按钮，如图 9-28所示。在调出的【机械设置】对话框中添加、编辑及删除风管尺寸。

图 9-27 "设置"面板　　　　　　　　　　　　　图 9-28 点击"机械设置"按钮

在"风管设置"列表中显示有三种类型的风管，即：矩形、椭圆形、圆形。选择选项，在对话框右侧会显示该类型风管所对应的尺寸表，如图 9-29所示。点击"新建尺寸"按钮，可在列表中创建新的尺寸参数。

勾选"用于尺寸列表"选项，可将该尺寸置于"修改|放置 风管"选项栏中的"宽度"与"高度"列表中，如图 9-30所示，在放置风管时，可以从列表中选择尺寸参数。勾选"用于调整大小"选项，可将尺寸应用于"调整风管/管道大小"功能。

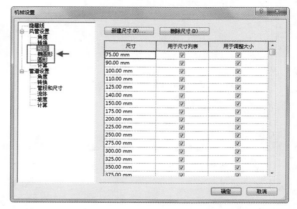

选择"风管设置"选项，可以在列表中设置风管尺寸标注以及风管内流体属性参数，如图 9-31所示，例如"为单线管件使用注释比例""风管管件注释尺寸""空气密度"等选项参数。

图 9-29 【机械设置】对话框

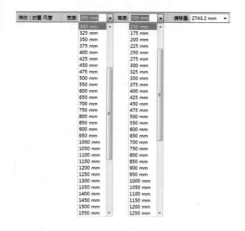

图 9-30 尺寸列表

图 9-31 "风管设置"选项

9.2.2 绘制风管

本节介绍绘制风管占位符、转换风管占位符与风管、绘制风管，风管管件等绘制风管的基本知识。

1. 绘制风管占位符

点击"HVAC"面板上的"风管占位符"命令按钮，可以绘制不带弯头或者T形三通管件的风管占位符。风管占位符可以转换为带有管件的风管，并支持碰撞检查，未发生碰撞的风管占位符在转换成风管后也同样不会发生碰撞。

启用命令后，在"属性"选项板上指定风管的类型以及属性参数。在"修改|放置风管占位符"选项栏中设置"宽度"及"高度"值，在"偏移量"选项栏中设置风管占位符所代表的风管中心线相对于当前平面标高的距离。若风管与地面的距离为3000mm，则在选项中输入"3000"。

在绘图区域中分别指定起点与终点来放置风管占位符，如图 9-32所示，然后按下<Esc>键完成并退出绘制。

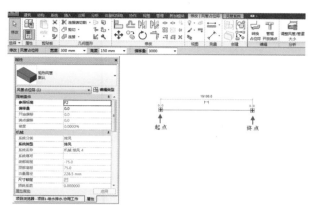

图 9-32　放置风管占位符

2. 转换风管占位符与风管

选择风管占位符，进入"修改|风管占位符"选项卡，点击"编辑"面板上的"转换占位符"命令按钮，如图 9-33所示，可将风管占位符转换为风管，如图 9-34所示。

图 9-33　"编辑"面板

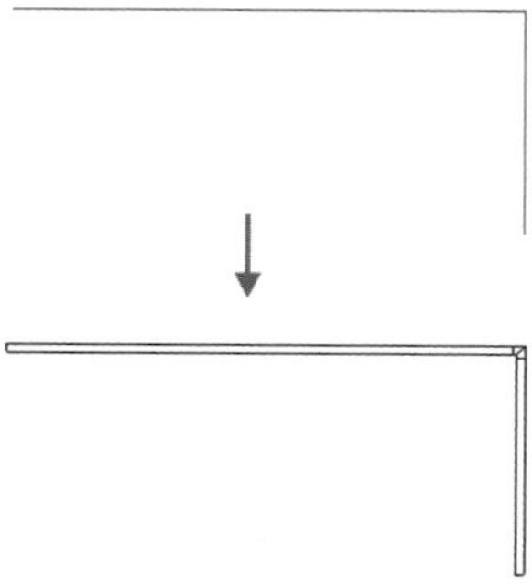

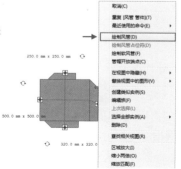

图 9-34　转换为风管

3. 绘制风管

●启用"风管"命令的方式如下所述

✪ 01在"HVAC"面板上点击"风管"命令按钮，如图9-35所示。

✪ 02选中风管管件，单击鼠标右键，在调出的右键菜单中选择"绘制风管"选项，如图 9-36所示。

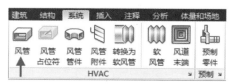

图 9-35　点击"风管"命令按钮

图 9-36　右键菜单

⭐03输入快捷键"DT"。

启用命令后,激活"修改|放置 风管"选项卡,如图 9-37所示。在"放置工具"面板中选择风管的放置方式(例如"自动连接"),在"属性"选项板中设置风管类型,在选项栏中设置风管的宽度、高度以及偏离量,然后执行绘制风管的操作。

图 9-37   "修改|放置 风管"选项卡

● **绘制风管**

⭐01在"属性"选项板中选择风管类型,例如矩形、椭圆形或者圆形。

⭐02在"宽度"及"高度"尺寸列表中选择风管尺寸,若没有合适的尺寸,可直接在选项框中输入参数。在"偏移量"栏中设置风管中心线相对于当前平面标高的距离。

⭐03在"放置工具"面板中选择风管的放置方式,例如"对正""自动连接""继承高程"或者"继承大小"。

(1)对正。单击"对正"命令按钮,调出如图 9-38所示的【对正设置】对话框,在其中指定管网和管道的对正方式,例如"水平对正""水平偏移"及"垂直对正"。

在"水平对正"选项中提供三种对正方式,分别是"中心""左"及"右"。从左向右绘制风管,选择不同的对正方式,可将风管与指定的基准线对齐,如图 9-39~图 9-41所示。

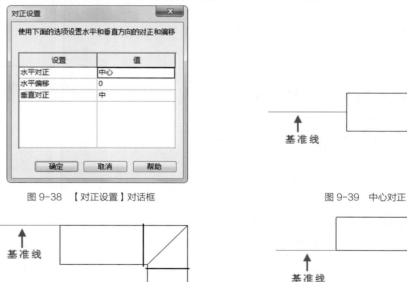

图 9-38   【对正设置】对话框

图 9-39   中心对正

图 9-40   左对正

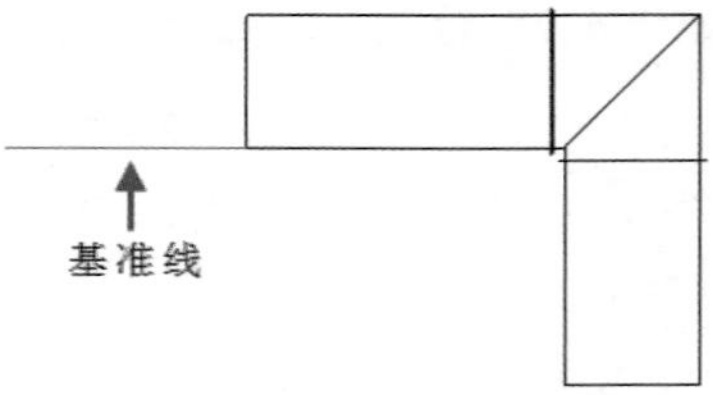

图 9-41   右对正

在"水平偏移"栏中设置参数,设置风管的绘制起点与实际风管位置之间的偏移距离。然后设置水平对正方式,指定风管的起点,系统可按照所设定的距离,开始绘制风管。

在对话框中将水平偏移值设置为"300",从下往上移动鼠标指针以绘制风管,在三种水平对正方式下风管的创建结果如图 9-42所示。

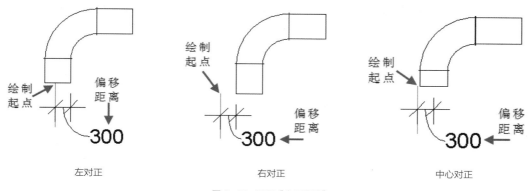

左对正　　　　　　　　右对正　　　　　　　　中心对正

图 9-42　设置"水平偏移"

在"垂直对正"选项中提供三种参照方式，分别是"中""底"及"顶"。选择其中一种参照方式，可决定风管的绘制效果。例如将风管"偏移量"设置为"2070"，即风管与当前平面的标高距离为"2070"，若选择"中"选项，则地面与风管中心线之间的距离为"2070"，若选择"底"选项，则地面标高与风管底部轮廓线的距离为"2070"，若选择"顶"选项，则地面标高与风管顶部轮廓线的距离为"2070"。各种参照方式的垂直对齐效果分别如图 9-43所示。

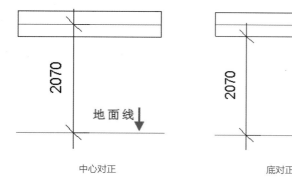
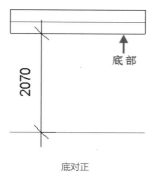
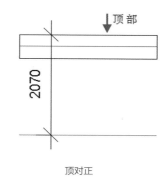

中心对正　　　　　　　　底对正　　　　　　　　顶对正

图 9-43　设置"垂直对正"

选择风管，点击"编辑"面板上的"对正"命令按钮，进入"对正编辑器"选项卡，如图 9-44所示。在"对正"面板中提供了9种对齐线供选用，点击"对齐线"命令按钮，可以通过鼠标点取对齐线，如图 9-45所示。点击"控制点"命令按钮，可以切换对齐方向。点击"完成"命令按钮，可以退出编辑器。

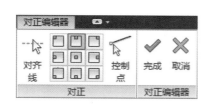

图 9-44　"对正编辑器"选项卡

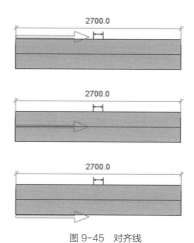

图 9-45　对齐线

（2）自动连接。点击"放置工具"面板上的"自动连接"命令按钮，可以在管段开始或结束时通过连接来捕捉构件，如图 9-46所示。在连接不同高程上的管段时该工具非常有用，系统默认为选择该项。

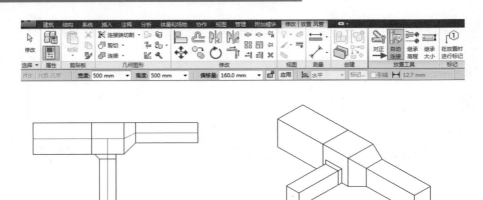

图 9-46　自动连接

（3）继承高程、继承大小。在"放置工具"面板上点击"继承高程"命令按钮，所绘管段可继承与其相连接的风管或者设备连接件的高程。选择"继承大小"命令按钮，所绘管段则继承与其相连接的风管或者设备连接件的尺寸大小。

★04风管属性参数、对正方式等设置完成后，在绘图区域中确定指定风管的起点与终点，完成一段风管的绘制。此时仍处于放置风管的状态，可以继续指定起点与终点来放置风管，风管的各项参数将与上一段风管相同。

按下<Esc>键，退出放置风管的命令。

选择绘制完成的风管，进入"修改|风管"选项卡，可以修改风管的对正方式，或者在选项栏中修改风管的尺寸参数，也可通过"属性"选项板修改风管的类型。

选择多段风管或者管件，进入"修改|选择多个"选项卡，点击"编辑"面板上的"修改类型"命令按钮，如图 9-47所示。可在"属性"选项板中修改风管类型，或者点击"类型属性"按钮，调出【类型属性】对话框，在其中编辑当前风管的类型属性，如图 9-48所示。

图 9-47　"修改|选择多个"选项卡

图 9-48　修改属性

4. 风管管件

各种类型的风管管件（例如三通、四通、弯头及法兰等），可以直接使用项目模板中自带的管件，也可以载入外部文件。

● 放置管件

选择"系统"选项卡，点击"HVAC"面板上的"风管管件"命令按钮，如图 9-49所示，在"属性"选项板中选择管件类型，如图 9-50所示，在绘图区域中点取位置，可以放置管件。

也可启用"风管"命令，点击"属性"选项板中的"类型属性"按钮，在调出的【类型属性】对话框中点击"布管系统配置"选项后的"编辑…"按钮，在【布管系统配置】对话框中添加风管管件，在绘制风管时可以根据风管布局自动添加到风管管路中。

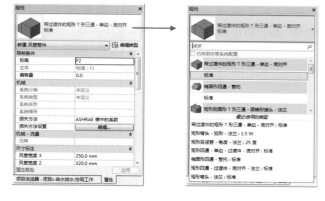

图 9-49 "HVAC"面板　　　　　　图 9-50 "属性"选项板

并不是所有的管件都能在放置风管的过程中自动添加，有些类型的管件，例如弯头、T形三通、接头、交叉线（四通）、过渡件（变径）、多形状过渡件-矩形到圆形（天圆地方）、多形状过渡件-矩形到椭圆形（天圆地方）、多形状过渡件-椭圆形到圆形（天圆地方）、活接头等，可以自动添加。而例如偏移、Y形三通、斜T形三通、斜四通等，在使用时则需要手动添加，即将管件插入到风管中或者将管件放置需要的位置后，再绘制风管。

● 编辑管件

选择未绘制风管的管件，在管件周围显示管件控制柄，可以控制管件的尺寸、方向等。

⭐ 01修改尺寸

点击管件的临时尺寸标注，在文本框中指定新的标注文字，如图 9-51所示，在空白的绘图区域单击鼠标左键，可以完成修改尺寸的操作。

⭐ 02拖曳管件

将鼠标指针置于管件接口的拖曳夹点上，待夹点转变为紫色，按住鼠标左键不放，可以移动管件的位置。

⭐ 03旋转

点击旋转按钮，可以调整管件的角度。当管件连接了风管之后，旋转按钮消失，如图 9-52所示。

图 9-51 指定新的标注文字　　　　　　图 9-52 连接风管

提示

输入快捷键"DF"，可启用"风管管件"命令。

5. 风管附件

点击"HVAC"面板上的"风管附件"命令按钮，可以放置风管附件，这些附件包括阻尼器、过滤器以及调节阀、烟雾探测器等。

在放置风管附件时，拖曳到现有风管上可以继承该风管的尺寸。风管附件可以在任何视图中放置，需要注意的是，在平面视图和立面视图中通常更容易放置。在插入点附近按<Tab>键可循环切换可能的连接。

在"属性"选项板中选择风管附件的类型，如图 9-53所示。点击"类型属性"按钮，调出【类型属性】对话框，在其中显示风管附件的类型参数，例如材质、尺寸标注等，如图 9-54所示，修改参数，则可影响该类附件的属性。

图 9-53　"属性"选项板

图 9-54　【类型属性】对话框

在项目浏览器中点击展开"族"中的"风管附件"列表，在其中选择附件，如图 9-55所示，将其拖曳至绘图区域中的风管上，如图 9-56所示，可放置附件。

图 9-55　项目浏览器

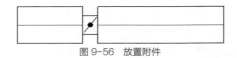

图 9-56　放置附件

6. 软风管

启用软风管命令，可以绘制圆形或矩形软风管管网。在绘制软风管时，可以通过单击鼠标左键来添加顶点。从另一个构件布线时，按下空格键可以匹配高程及尺寸。

● 绘制软风管

点击"HVAC"面板上的"软风管"命令按钮，如图 9-57所示，或者选择风管、风管管件、风管附件或者机械设备等连接件，单击鼠标右键，在右键菜单中选择"绘制软风管"选项，如图 9-58所示，可以启用"软风管"命令。

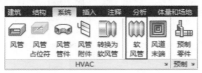

图 9-57　"HVAC"面板

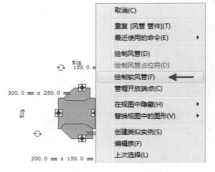

图 9-58　选择"绘制软风管"选项

绘制软风管的步骤如下所述。

⭐ 01在"属性"选项板中选择软风管的类型，可以选择矩形软风管或者圆形软风管，如图9-59所示。

⭐ 02点击"编辑类型"按钮，在【类型属性】对话框中设置软风管的类型属性。在"管件"选项组下选择软风管管件类型，如图9-60所示，若项目文件中没有需要的管件，则需要从外部载入。

图9-59 "属性"选项板

图9-60 【类型属性】对话框

⭐ 03在"修改|放置 软风管"选项栏中设置风管的宽度、高度以及偏移量，可以在尺寸列表中选择参数，也可自行输入参数，如图9-61所示。

⭐ 04在绘图区域中分别指定软风管的起点与终点，完成一段软风管的绘制，如图9-62所示。此时可以继续执行绘制软风管的操作，也可以按下<Esc>键，退出命令。

图9-61 "修改 | 放置 软风管"选项栏

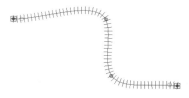

图9-62 绘制软风管

● **编辑软风管**

选择软风管，通过编辑激活特征点，实现编辑操作。

⭐ 01连接件：连接件位于软风管的两端（图9-62），点击连接件来激活，然后移动鼠标指针，可以调整连接件的位置，以改变软风管的端点位置。通过移动连接件，还可以使软风管端点与管件相连，图9-63所示为将软风管端点与法兰相连的结果。

在软风管与管件相连接的情况下，也可移动连接件，使软风管端点与管件断开连接，如图9-64所示。

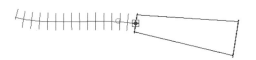

图9-63 连接管件

图9-64 断开连接

⭐ 02顶点：顶点分布在软风管的两个端点之间，以蓝色实心圆表示。将鼠标指针置于顶点上，按住鼠标左键不放，移动鼠标指针可改变顶点的位置，从而改变软风管的显示形式。选择顶点，调出右键菜单，可对顶点执行"添加顶点"或者"删除顶点"的操作。

✪ 03切点：每段软风管包含两个切点，分别位于软风管的起始端点与结束端点，以蓝色圆圈显示。点击移动切点的位置，可以更改首个与末个拐角点处的连接方向。更改方向后，切点的位置由软风管中心线移动至软风管的一侧，如图 9-65所示。

● 软风管的样式

在创建软风管的时候，可以首先在"属性"选项板中的"软管样式"选项中设置样式，如图 9-66所示。系统提供了8种样式供用户选用，用户也可选择已绘制完成的软风管，在"属性"选项板中更改样式。

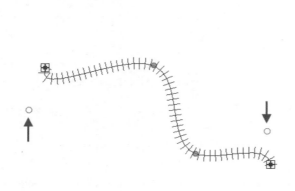

图 9-65　移动切点　　　　　　　　　　　　　　　图 9-66　"属性"选项板

7. 设备连管

因为设备连接风管与连接软风管相似，因此，以下介绍设备连接风管的操作方式，设备连接软风管的方式可以参考本节内容。

● 从设备绘制风管

选择设备，在连接件上单击鼠标右键，在菜单中选择"绘制风管"选项（若选择"绘制软风管"选项，则绘制软风管），如图 9-67所示。移动鼠标指针，指定风管的绘制方向，单击鼠标左键，完成风管的绘制，如图 9-68所示。

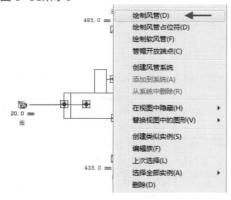

图 9-67　选择"绘制风管"选项

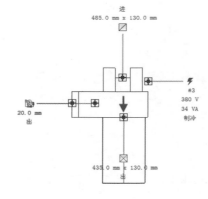

图 9-68　绘制风管

● **绘制风管以连接设备**

选择绘制完成的风管，激活连接件，移动至设备上，风管可以捕捉设备上的风管连接件，自动连接设备。并且风管可以根据连接件的位置，自动调整其位置以与设备连接，如图 9-69所示。

● **自动连接**

选择设备，进入"修改|机械设备"选项卡，点击"布局"面板上的"连接到"命令按钮，如图 9-70所示，调出【连接连接件】对话框。

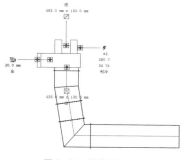

图 9-69　连接设备

图 9-70　"修改 | 机械设备"选项卡

所选设备包含一个以上的连接件时，系统会调出该对话框，提示用户选择需要与风管相连的连接件。在对话框中选择连接件后，如图 9-71所示，点击"确定"按钮。

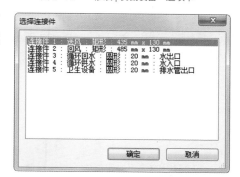

图 9-71　选择连接件

在绘图区域中拾取一个风管，如图 9-72所示，以使其与设备相连接，如图 9-73所示。

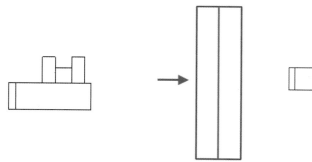

图 9-72　选择风管

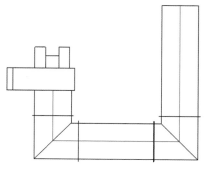

图 9-73　自动连接

● "创建风管"按钮

选择设备，在风管连接件的下方显示一个带对角线的矩形按钮，将鼠标指针置于矩形按钮上，显示该按钮的名称为"创建风管"，如图 9-74所示，点击激活按钮，可以从设备引出风管。

提示

需注意的是，"修改|机械设备"选项卡中的"连接到"命令，不可用于将设备与软风管连接。

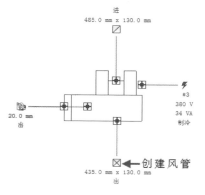

图 9-74　"创建风管"按钮

8. 添加风管隔热层与内衬

● 添加隔热层及内衬

选择风管，进入"修改|风管"选项卡，单击"添加隔热层"命令按钮，如图 9-75所示。调出【添加风管隔热层】对话框，在其中设置隔热层类型以及厚度值，如图 9-76所示。

图 9-75　"修改 | 风管"选项卡

图 9-76　【添加风管隔热层】对话框

点击"确定"按钮，可为选定的风管添加隔热层，如图 9-77所示。

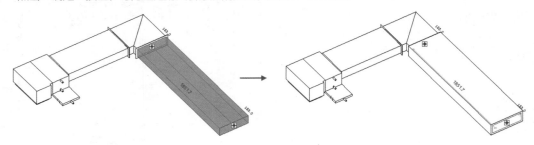

图 9-77　添加隔热层

点击"添加内衬"命令按钮，调出如图 9-78所示的【添加风管内衬】对话框，在其中设置内衬的类型以及厚度。单击"确定"按钮，为风管添加内衬的结果如图 9-79所示。

风管的隔热层添加在风管的外部，用以阻隔外部高温环境对风管的伤害，而风管的内衬附加在风管的管壁内侧，保护风管避免受到内部流通气体的腐蚀。

添加风管隔热层后，风管变"大"了，但是添加风管内衬后，风管内部体积变小了，而外部没有任何变化。

图 9-78　【添加内管内衬】对话框

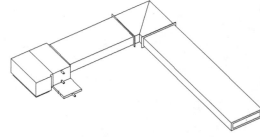

图 9-79　添加风管内衬

● 编辑隔热层及内衬

可以对同一段风管同时添加隔热层及内衬。选择添加隔热层或者内衬的风管，在"修改|风管"选项卡中点击"删除隔热层"命令按钮或者"删除内衬"命令按钮，如图 9-80所示，可以将选定的风管的隔热层或者内衬删除。

点击"编辑隔热层"命令按钮或者"编辑内衬"命令按钮，可以在"属性"选项板中设置参数，如图9-81所示，例如修改"系统类型"或"隔热层厚度"等参数。

图 9-80　"修改|风管"选项卡　　　　　　　　　　　图 9-81　"属性"选项板

在项目浏览器中点击展开"风管内衬"选项以及"风管隔热层"选项列表，在其中显示当前项目中所包含的内衬类型以及隔热层类型，如图 9-82所示。每个项目模板中包含"默认"类型的隔热层及内衬。

图 9-82　项目浏览器

选择类型名称，单击鼠标右键，在列表中选择"类型属性"选项，如图 9-82所示。调出【类型属性】对话框。在对话框中可以设置内衬或者隔热层的类型属性，例如"粗糙度""材质""标识数据"等，如图 9-83及图 9-84所示。

图 9-83　设置"风管内衬"类型属性

图 9-84　设置"隔热层"类型属性

9.2.3　风管显示

视图显示的详细程度可以设置为三种样式，分别是：粗略、中等和精细。点击状态栏上的"详细程度"命令按钮，在调出的列表中可以设置当前视图显示的详细程度，如图 9-85所示，在"粗略"显示样式下风管以单线显示，在"中等"和"精细"显示样式下风管以双线显示。

图 9-85 "详细程度"列表

点击"属性"选项板中的"可见性/图形替换"选项后的"编辑…"按钮，如图 9-86所示，调出【可见性/图形替换】对话框，在其中可以设置模型的可见性以及显示程度。

图 9-86 "属性"选项板

图 9-87 【可见性／图形替换】对话框

在"可见性"列表中选择指定的选项，若勾选"风管"选项，如图 9-87所示，则风管在当前视图中可见。未选择的选项，则在视图中被隐藏。在"详细程度"选项中可以设置模型在视图中详细程度，需要注意的是，勾选"按视图"选项，模型详细程度与视图相同。

假如在将风管的详细程度设置为"精细"，但是当前视图的详细程度为"粗略"，则风管将以"精细"的详细程度在视图中显示。

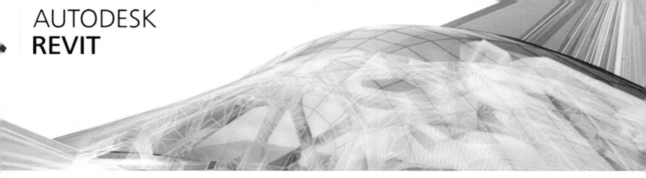

第10章

给水排水设计

本章介绍如何应用Revit MEP开展建筑给水排水设计，内容包括：管道设计参数、绘制管道、设置管道显示样式和管道标记，通过学习本章内容，用户既可以学习管道的基础知识，也能了解不同管道的设计特点。

10.1 管道设计参数

管道设计参数包括管道尺寸、管道类型以及流体设计参数，通过设置这些参数，可以减少后期调整管道的工作，提高工作效率。

1. 管道尺寸

● 设置尺寸参数

通过启用"机械设置"命令来设置管道尺寸参数。选择"管理"选项卡，点击"设置"面板上的"MEP设置"命令按钮，在列表中选择"机械设置"选项，如图 10-1所示。

或者选择"系统"选项卡，点击"机械"面板右下角的"机械设置"按钮 ⅴ，如图 10-2所示，同样可以调出【机械设置】对话框。

> **提示**
> 键入快捷键"MS"，也可打开【机械设置】对话框。

图 10-1　"MEP 设置"列表　　　　　　　　　　　　　　图 10-2　点击"机械设置"按钮

在【机械设置】对话框中选择"管道设置"选项组下的"管段和尺寸"选项，在右侧显示管段的参数，例如管段名称、属性、尺寸目录等，如图 10-3所示。其中"粗糙度"参数表示管道的沿程损失的水力计算。点击"新建尺寸"或"删除尺寸"按钮，可以添加或者删除管道尺寸。

> **提示**
> 当前视图中绘制了某尺寸的管道后，在对话框中不能删除与管道相对应的尺寸参数，需要在视图中删除该尺寸的管道，才可对尺寸参数执行删除操作。

● 应用尺寸参数

在【机械设置】对话框中的尺寸列表中勾选"用于尺寸列表"选项，在放置管道时，该尺寸参数可出现在管道布局编辑器中供用户选择，如图 10-4所示。

勾选"用于调整大小"选项，可将该尺寸参数应用于系统提供的"调整风管/管道大小"功能中。

图 10-3　【机械设置】对话框　　　　　　　　　　　　图 10-4　尺寸参数列表

2. 管道类型

管道及软管属于系统族，不能自行创建，但是可以创建、修改或删除族类型。

选择"系统"选项卡，点击"卫浴和管道"面板中的"管道"命令按钮或者"软管"命令按钮，如图 10-5所示，可设置管道或软管的类型属性。

在软管"属性"选项板上点击"编辑类型"按钮，如图 10-6所示，调出【类型属性】对话框。系统会默认提供一种软管族类型即"软管-圆形"。

图 10-5 "卫浴和管道"面板

图 10-6 "属性"选项板

在"管件"选项组下可以选择"首选连接类型""过渡件"等参数，需注意的是，"粗糙度"参数可以自定义，如图 10-7所示。

启用"管道"命令，点击"编辑类型"按钮，调出图 10-8所示的【类型属性】对话框。点击"布管系统配置"选项后的"编辑…"按钮，调出【布管系统配置】对话框。在对话框中设置构件的样式以及最小和最大尺寸，然后点击"载入族"按钮，可以载入系统族。

图 10-7 【类型属性】对话框

图 10-8 布管系统配置

3. 流体设计参数

通过设置流体设计参数，可以为管道水力计算提供依据。调出【机械设置】对话框，在"管道设置"选项组下选择"流体"选项，在右侧列表中可显示在不同温度情况下的动态黏度与密度参数。

用户可对三种类型的流体参数进行编辑，即：水、乙二醇及丙二醇。点击"新建温度"或"删除温度"按钮，可以新建或者删除选中的温度值。

10.2 绘制管道

本节将介绍绘制管道占位符及管道的方式，此外还将讲解坡度的设置、平行管道的创建以及管路附件的放置等。

10.2.1 管道占位符

启用"管道占位符"命令，可以绘制不带弯头或者T形三通管件的管道占位符，且将以单线显示。管道占位符与管道可相互转换，并支持碰撞检查功能。在平面视图、立面视图、剖面视图以及三维视图均可以创建管道占位符。

选择"系统"选项卡，点击"卫浴和管道"面板上的"管道占位符"命令按钮，进入绘制模式，会转换至"修改|放置管道占位符"选项卡，如图 10-9所示。

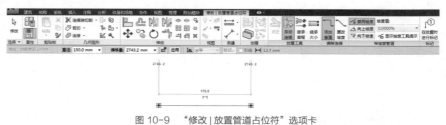

图 10-9　"修改 | 放置管道占位符"选项卡

在"属性"选项板中选择管道的类型，系统提供"默认"样式的管道。在"修改|放置管道占位符"选项栏中设置管道的"直径"，点击选项，在列表中选择尺寸参数。若没有适用的尺寸参数，则需要到【机械设置】对话框中添加。

在"偏移量"列表中选择管道的偏移量，以控制管道占位符所代表的管道中心线相对于当前平面标高的距离。在"放置工具"面板中设置管道的放置方式，系统会默认选择"自动连接"方式。

用鼠标左键在绘图区域中点击指定管道的起点，向右移动鼠标，点击终点，然后按下两次<Esc>键退出绘制模式，完成绘制管道的操作。

转换管道占位符

选择管道占位符，进入"修改|管道占位符"选项卡，如图 10-10所示。在"属性"选项板中设置管道的类型，在"直径"选项与"偏移量"选项中设置直径大小与偏移距离，然后点击"编辑"面板上的"转换占位符"命令按钮，完成转换操作。

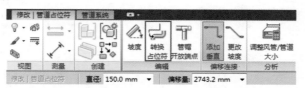

图 10-10　"修改 | 管道占位符"选项卡

10.2.2 绘制基本管道

选择"系统"选项卡，点击"卫浴和管道"面板上的"管道"按钮，进入管道绘制模式。在"属性"选项板中选择管道的类型，在"修改|放置 管道"选卡中设置管道的尺寸与偏移距离，如图 10-11 所示。

图 10-11 "修改 | 放置 管道"选项卡

> **提示**
>
> 输入快捷键"PI"，启用"管道"命令。

1.指定管道放置方式

点击"放置工具"面板上的"对正"命令按钮，调出如图 10-12 所示的【对正设置】对话框，在其中指定管道对齐的方式。

"水平对正"，通过指定当前视图下相邻管段之间水平对齐方式。

"水平偏移"，用来指定管道绘制起始点位置与实际管道绘制位置之间的偏移距离。

"垂直对正"，垂直对正的方式有"中""底"及"顶"，可影响管道中心高度。

选择绘制完成的管道，进入"修改|管道"选项卡，点击"编辑"面板上的"对正"命令按钮，进入"对正编辑器"选项卡，如图 10-13 所示，在其中重新调整管道的对正方式。

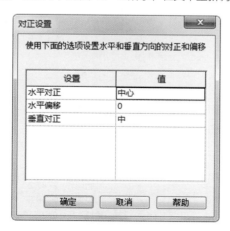

图 10-12 【对正设置】对话框

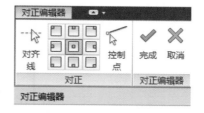

图 10-13 "对正编辑器"选项卡

2.自动连接

点击"自动连接"命令按钮，允许在管段开始或结束时通过连接捕捉构件。系统默认选择该项，在连接不同高程上的管段时很有用。

3.继承高程与继承大小

选择这两个选项，在放置管道时可以自动继承捕捉到图元的高程与大小。选择"继承高程"选项，所放置的管道将继承与其连接的管道或者设备连接件的高程。选择"继承大小"选项，所绘制的管道将继承与其连接的管道或设备连接件的尺寸。

4.指定管道的起点与终点

在绘图区域中指定管道的起点，移动鼠标，单击鼠标左键指定管道的终点，按下<Esc>键结束绘制。此时系统还处在放置管道的状态，可以继续指定管道的起点与终点来放置管道，同时会继承已绘制的管道的属性。

10.2.3 设置坡度

通过在"带坡度管道"面板中设置参数，来指定所绘管道的坡度。或者选择已绘制的管道，编辑修改其坡度。

1.设置管道坡度

在【机械设置】对话框中显示了系统自定义的管道坡度，如图 10-14所示。点击"新建坡度"按钮，可以新建坡度值。点击"删除坡度"按钮，删除选中的坡度值。

在【机械设置】对话框中所设置的坡度值，将显示在"向上坡度"或"向下坡度"选项列表中，如图 10-15所示，点击选择其中一项，可将其赋予管道。

图 10-14　机械设置　　　　　　　　　　　　　　图 10-15　坡度列表

2.绘制坡度

在"带坡度管道"面板中设置坡度值，例如设置"向上坡度"值，并点击"显示坡度工具提示"命令按钮，在放置管道时，可以同步显示管道的相关参数，例如偏移值与坡度值等，如图 10-16所示。

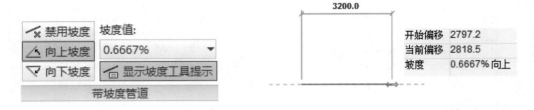

图 10-16　显示坡度值

3.编辑坡度

选择管段，在管道的两端显示其起点与终点的标高，点击修改其中一端的标高，以达到更改坡度的目的，如图 10-17所示。

已设置坡度的管道，选中后显示其坡度值，点击坡度值标注文字，进入在位编辑状态，修改标注文字，可以更改坡度值，如图 10-18所示。

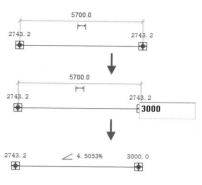

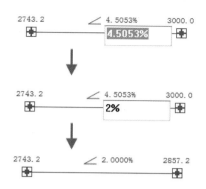

图 10-17　更改管道标高

图 10-18　输入坡度值

选择管道，在"修改|管道"选项卡中点击"坡度"命令按钮，如图 10-19所示，进入"坡度编辑器"选项卡，在其中更改坡度值，如图 10-20所示。点击"完成"按钮，退出编辑。

图 10-19　"修改|管道"选项卡

图 10-20　"坡度编辑器"选项卡

10.2.4　平行管道

选择"系统"选项卡，点击"卫浴和管道"面板上的"平行管道"命令按钮，可根据初始管道创建管道的平行管路。在"修改|放置平行管道"选项卡中的"平行管道"面板上设置参数，如图 10-21所示。

在绘图区域中选择已有的管道，可以创建与其水平或垂直的管道，如图 10-22所示。其中，"水平数"或"垂直数"选项中的数目包含已有管道的数目。

图 10-21　"修改|放置平行管道"选项卡

图 10-22　创建平行管道

10.2.5　管件的使用

管道中包含大量的管件，例如三通、法兰、弯头、接头等，本节将介绍管件的绘制和编辑。

1.放置管件

放置管件有两种方式，即自动添加和手动添加。

⭐ 01在管道【类型属性】对话框中设置管件的属性参数，在放置管道时可以自定加载，管件的类型包括T形三通、接头、过渡件、活接头等。

⭐ 02选择"系统"选项卡，点击"卫浴和管道"面板上的"管件"命令按钮，进入"修改|放置管件"选

项卡。在"属性"选项板中选择管件的类型并设置其参数，如图10-23所示。

⭐ 03在项目浏览器中点击展开"族"列表，在"管件"列表中选择管件，如图10-24所示，直接将其拖曳至绘图区域中，可以放置管件。

提示

输入快捷键"PE"，可进入放置管件命令。

图 10-23 "属性"选项板　　图 10-24 "管件"列表

2.编辑管件

选中管件，在管件周围显示管件控制柄，如图10-25所示，激活控制柄，可以编辑管件。

⭐ 01在管件未连接管道时，点击尺寸标注文字，修改文字以更改直径。例如点击500.0mm，即可进入在位编辑状态，输入新的标注文字，可以更改管件直径。

⭐ 02点击控制柄 ⇔ ，可对管件水平或垂直翻转180°。

⭐ 03点击控制柄 ↻ ，可对管件执行翻转操作。

⭐ 04在管件末端单击鼠标右键，在调出的右键菜单中选择"绘制管道"或者"绘制软管"选项，如图10-26所示，可以绘制与管件相连的管道或软管。

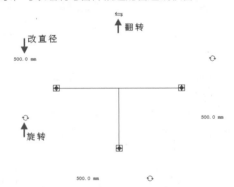

图 10-25　管件控制柄　　　　　　　　　　　图 10-26　右键菜单

管道附件包括连接件、阀门以及嵌入式热水器。在放置管道附件时，在现有管道上方拖曳可以继承该管道的尺寸。附件可嵌入放置，也可放置在管道的末端。管道附件可在任何视图中放置，但在平面视图及立面视图中更方便放置。在"卫浴与管道"面板上单击"管路附件"命令按钮，在"属性"选项板中选择附件的类型，如图10-27所示。点击"编辑类型"按钮，在【类型属性】对话框中可修改附件的属性参数。在项目浏览器中展开族列表，在其中点击"管道附件"选项名称前的"+"，在列表中显示当前项目中已载入的附件名称，如图10-28所示。选择附件，可将其直接拖曳到绘图区域中。

图 10-27 "属性"选项板　　图 10-28 "管道附件"列表

需注意的是，管道附件的部件类型不同，添加管道附件到管道中的效果也相同。

部件类型为"插入""阀门插入"与"嵌入式传感器"：将管道附件放置到管道上方，待出现"中心捕捉"时，单击鼠标左键以放置管道附件，管道附件可打断管道并且插入管道中。

部件类型为"标准""附着到""阀门法线""传感器""收头"：将管道附件放置在管道的连接件上，待出现"中心捕捉"时，单击鼠标左键放置管路附件，附件将连接到管道一端。

10.2.6 绘制软管

在绘制软管时，可以通过点击来添加顶点。从另一个构件布线时，按下空格键可以匹配高程和尺寸。

1.绘制软管

点击"卫浴与管道"面板上的"软管"命令按钮，进入绘制软管的状态。或者在绘图区域中选择管道连接件，点击激活末端夹点，在右键菜单中选择"绘制软管"选项。

在"属性"选项板中选择软管的类型，如图 10-29所示。在"修改|放置 软管"选项栏中点击"直径"选项，在列表中选择直径参数，或者自定义直径大小，如图10-30所示。

在"偏移量"列表中选择偏移距离，偏移量值指软管中心线相对于当前平面标高的距离。

在绘图区域中单击鼠标左键以定义软管的起点，沿路径在每个点单击鼠标左键，在终点按下<Esc>键退出绘制，如图 10-30所示。假如要将软管与管道或者管道连接件相连，可直接单击所要相连的连接件，结束软管的绘制。

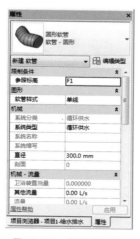

图 10-29 "属性"选项板

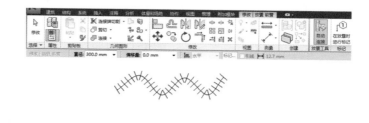

图 10-30 放置软管

2.修改软管

选中软管，软管显示控制点，分别为连接件、切点以及顶点，如图 10-31所示，点击激活这些控制点，可以修改软管。

⭐ 01连接件：软管两端的控制点称为连接件，点击激活连接件，可以重新定位软管的端点。移动连接件，可以将软管与另一构件的管道连接件相连接，或者断开与该管道连接件的连接关系。

⭐ 02切点：出现在软管的起点和终点，选择切点，按住鼠标左键不放，可以调整软管首个和末个拐点处的连接方向。

⭐ 03顶点：沿着软管的走向来分布，选择顶点，按住鼠标左键不放，通过移动顶点，来改变软管的走向。选择顶点，调出右键菜单，选择"删除顶点"选项，可删除选中的顶点。选择软管，调出右键菜单，可以选择"插入"或者"删除"顶点。

3.软管样式

在软管"属性"选项板中点击"软管样式"选项，在列表中提供了多种软管样式以供用户选择，如图10-32所示为圆形、椭圆、曲线、单线样式软管的显示效果。

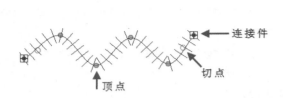

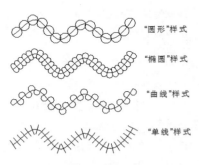

图 10-31　软管控制点

图 10-32　软管样式

10.2.7　设置管道隔热层

Revit MEP可以为管道及管件添加隔热层。

1.绘制隔热层

选择管道，进入"修改|管道"选项卡，在"管道隔热层"面板中点击"添加隔热层"命令按钮，如图10-33所示。调出如图 10-34所示的【添加管道隔热层】对话框，在其中设置"隔热层类型"与"厚度"。点击"编辑类型"按钮，在【类型属性】对话框中编辑类型参数。

图 10-33　"修改|管道"选项卡

图 10-34　【添加管道隔热层】对话框

点击"确定"按钮，为管道添加隔热层的结果如图 10-35及图 10-36所示。

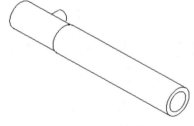

图 10-35　三维视图

图 10-36　二维视图

2.编辑和删除隔热层

选择已添加隔热层的管道,进入"修改|管道"选项卡,如图 10-37所示,通过调用"管道隔热层"面板上的"编辑隔热层"或者"删除隔热层"命令,可以对隔热层执行修改或者删除操作。

3.设置隔热层

在项目浏览器中点击展开"族"列表中的"管道隔热层"选项,在列表中显示当前项目所包含的管道隔热层类型,如图 10-38所示。选择隔热层单击鼠标右键,可对隔热层执行复制、删除、重命名等操作。

假如隔热层是当前的唯一类型,对其执行删除操作,系统会调出提示对话框,提醒用户不能删除系统族中最后的类型。选择"类型属性"选项,调出【类型属性】对话框,在其中修改隔热层的属性。

图 10-37 "修改|管道"选项卡

图 10-38 项目浏览器

4.设置隔热层的显示样式

管道隔热层的显示样式与视图的显示样式相一致,例如当前视图为"粗略"样式,则隔热层的显示样式也为"粗略"。需要对其单独设置,以方便在视图中观察隔热层效果。

点击"视图"选项卡中的"可见性/图形"命令按钮,调出如图 10-39所示的【可见性/图形替换】对话框。点击展开"管道附件"选项,在列表中选择"管道隔热层",在"详细程度"表列中选择显示样式。系统默认选择"按视图",在列表中选择"精细"显示样式,则可在视图中清楚的显示隔热层的添加效果。

10.3 设置管道显示样式

Revit提供了几种视图显示样式,分别为"粗略""中等"以及"精细",根据绘图需要,实时调整显示样式。

10.3.1 视图的详细程度

在视图控制栏上点击"详细程度"命令按钮,在调出的列表中显示了视图的三种详细程度,如图 10-40所示。

选择"粗略"与"中等"显示样式,管道及管道附件以单线显示,而切换至"精细"显示样式,管道及附件会以双线显示,但是占用更多的系统内存。此外,管道与管件可以选择不同的显示方式,用户在绘图时,应该使管道与管件的显示样式相一致。

图 10-39　【可见性 / 图形替换】对话框　　　　　　　图 10-40　显示样式列表

10.3.2 设置可见性

在【可见性/图形替换】对话框中点击展开图元类别列表，可显示其子类别。选择子类别，可以使其在视图中显示。例如在对话框中选择"卫浴装置"列表下的"地漏主体""地漏盖""清扫口主体""清扫口盖"及"隐藏线"，表示这些子类别均在视图中显示，如图 10-41所示。取消选择其中的某项，表示不可见。

10.3.3 管道图例

选择"分析"选项卡，在"颜色填充"面板上点击"管道图例"命令按钮，如图 10-42所示。单击鼠标左键在绘图区域中单击可创建管道颜色填充方案。

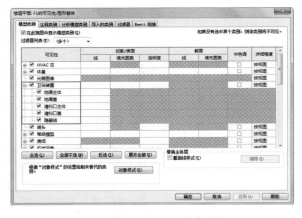

图 10-41　【可见性 / 图形替换】对话框　　　　　　　图 10-42　"颜色填充"面板

> **提示**
>
> 输入快捷键"VG"或者"VV"，可调出【可见性/图形替换】对话框。

在【选择颜色方案】对话框中选择填充颜色方案如图 10-43所示，点击"确定"按钮，系统按照颜色方案为管道填充颜色。选择已添加的图例，进入"修改|管道颜色填充图例"选项卡，点击"编辑方案"命令按钮，如图 10-44所示。调出【编辑颜色方案】对话框，在其中设置填充参数。

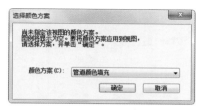

图 10-43 【选择颜色方案】对话框

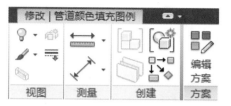

图 10-44 点击"编辑方案"按钮

1. 隐藏线

在【机械设置】对话框中包含一个公共选项,即"隐藏线"。在左侧的列表中选择"隐藏线"选项,在右侧列表中显示隐藏线的各个选项,如图 10-45所示。

勾选"绘制MEP隐藏线"选项,可以按照选项所指定的线样式和间隙来绘制管道。点击"线样式"选项,调出样式列表,从中选择隐藏线样式。其"内部间隙"和"外部间隙"参数值用来控制双线管道(风管)在交叉段内、外部出现的线的间隙。

当管道(风管)以单线模式显示时,便没有"内部间隙"选项,而使用"单线"来设置单线模式下的外部间隙。

2. 注释比例

通过设置注释比例,可以控制管件、管路附件、风管管件、风管附件、电缆桥架配件和线管配件这几类族在平面视图中的单线显示。

调出【机械设置】对话框,选择"管道设置"选项,在右侧列表中选择"为单线管件使用注释比例"选项,如图 10-46所示,相关的族将受注释比例的影响。

图 10-45 "隐藏线"选项

图 10-46 "管道设置"选项

10.4 管道标记

管道标注包括尺寸标注、编号标注以及标高标注、坡度标注。管道标注及管道编号是通过注释符号族来标注,在平、立、剖面视图里均可使用。标注管道标高及坡度时需通过尺寸标注系统族来标注,在平、立、剖面视图以及三维视图中都可用。

10.4.1 管径标记

为管道创建管径标记有两种方式,一种是在绘制管道的同时放置管径标注,另外一种是在绘制完成管道后,再对其进行管径标记。

1.绘制标记

启用"管道"命令，在"修改|放置 管道"选项卡中点击"在放置时进行标记"命令按钮，如图 10-47所示，在绘制管道的同时，创建管径标注，如图 10-48所示。

图 10-47 单击"在放置时进行标记"按钮   图 10-48 管径标记

选择"注释"选项卡，点击"标记"面板上的"按类别标记"命令按钮，在"修改|标记"选项栏中设置标记的方向（垂直或水平）及引线（附着端点或自由端点）。点击管道，可标记其管径，如图 10-49所示。

点击"载入的标记和符号"命令按钮，调出【载入的标记和符号】对话框，在其中查看已载入的管道/管道占位符标记，如图 10-50所示。假如缺少某类标记，在绘制标记的过程中系统会调出提示对话框，提醒用户载入该类标记。

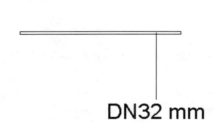

图 10-49 带引线标记   图 10-50 【载入的标记和符号】对话框

2.编辑标记

在"修改|标记"选项栏中选择标记的方向，无论管道的方向如何，标记的水平或者垂直样式都是绝对的。选择"引线"选项，所绘标记由引线与标记数字组成，如图 10-51所示。取消选择，则仅放置标记数字。

"附着端点"，引线的一个端点被固定在被标记的图元上。

"自由端点"，引线的两个端点都不固定，可随意调整。

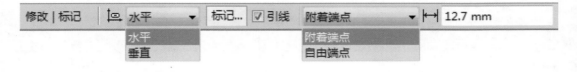

图 10-51 "修改 | 标记"选项栏

10.4.2 标高标注

点击用"注释"选项卡中"尺寸标注"面板上的"高程点"命令按钮，如图 10-52所示，在"属性"选项板中设置"高程点"的样式，如图 10-53所示。

图 10-52 "尺寸标注"面板

图 10-53 设置"高程点"的样式

在"修改|放置尺寸标注"选项栏中选择"引线"与"水平段"选项，在绘制高程点的同时创建引线与水平段，在"显示高程"选项中选择所标注的标高类型，如图 10-54所示。在管道上点取测量点，放置高程点标注如图 10-55所示。

图 10-54 "修改 | 放置尺寸标注"选项栏

图 10-55 放置高程点标注

可以转换高程的显示样式，选中标高标注，在"显示高程"选项中选择"底部高程"与"顶部和底部高程"选项，可以调整高程的显示方式，如图 10-56所示。

在"属性"选项板上点击"编辑类型"按钮，在【类型属性】对话框中设置高程点标注类型，如图 10-57所示。在"图形"选项组下设置引线的样式，如选择引线箭头的样式、设置引线线宽及箭头线宽，在"符号"选项列表中选择符号的显示样式。

在"文字"选项组下设置标注文字的显示样式，在"文字与符号偏移量"选项中设置文字与符号端点之间的距离。在"文字位置"选项中控制文字和引线的相对位置。在"高程指示器""顶部指示器""底部指示器"栏中可输入文字，以注明所标注的标高类型。

在"作为前缀/后缀的高程指示器"选项中设置所添加的文字或字母是以前缀或后缀的形式显示在标高标注中。

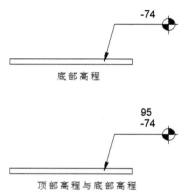

图 10-56 调整高程的显示方式

图 10-57 【类型属性】对话框

提示

在【类型属性】对话框中选择"随构件旋转"选项，同时在"修改/放置尺寸标注"选项栏中取消选择"引线"选项，可为平面视图上的非水平管道创建标注。

10.4.3 坡度标注

在"尺寸标注"面板上点击"高程点坡度"命令按钮，点取管道，放置坡度标注的结果如图10-58所示。

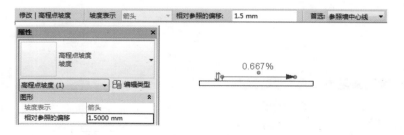

图10-58　放置坡度标注

点击"编辑类型"按钮，在【类型属性】对话框中设置坡度标注的样式，如图10-59所示。点击"单位格式"选项后的按钮，调出【格式】对话框，在"单位"选项中选择"百分比"选项，设置"舍入"方式为"3个小数位"，选择"单位符号"为"%"，如图10-60所示。可将坡度标注的样式更改成百分比样式。

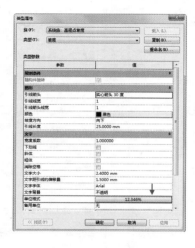

图10-59　【类型属性】对话框

图10-60　【格式】对话框

> **提示**
>
> "坡度表示"选项在立面视图下可以选两种样式，即："箭头"与"三角形"两种样式。

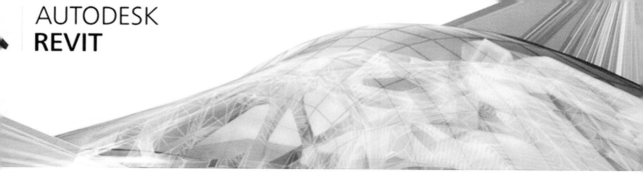

AUTODESK
REVIT

第11章

电气设计

建筑电气设计根据建筑规模、功能定位以及使用需求来确定电气系统。建筑电气系统包括配电系统、照明系统、弱电系统等。Revit MEP提供电气设计工具，支持开展建筑电气设计工作。

本章介绍在Revit MEP中进行照明设计及电缆桥架设计的操作。

11.1 照明设计

在Revit MEP中开展照明设计的流程大致为，项目准备、创建电气族、照明计算、设计照明平面图及系统图。本节介绍照明设计各流程。

项目准备的内容包括，增加配线类型、电压定义、配电系统、设置负荷分类和需求系数。

11.1.1 电气设置

选择"管理"选项卡，点击"设置"面板上的"MEP设置"命令按钮，如图 11-1所示，调出【电气设置】对话框。

1. 常规设置

在对话框中选择"常规"选项，在右侧的列表中显示线路的常规参数，如图 11-2所示。

"电气连接件分隔符"选项：系统将分隔符设置为"-"，用于分隔装置的"电气数据"参数额定值的符号。

图 11-1 "设置"面板

图 11-2 【电气设置】对话框

"电气数据样式"选项：选项中有多种样式供选择，例如"连接件说明电压/级数-负荷""连接件说明电压/相位-负荷"等，用来指定电气构件"属性"选项板中"电气数据"选项的参数样式，如图 11-3所示。

"线路说明"选项：选项中提供了多种说明方式，选择其中一种，可将其指定为导线"属性"选项板中"线路说明"选项的参数值。

"按相位命名线路"选项：在设置电气设备"属性"选项板中按相位命名线路时所需要的参数值时使用相位标签，相位A、B、C的名称是固定的，如图 11-4所示。

"大写负荷名称"选项：在选项中提供了名称的标注方式，有"从源参数""首字母""句子""大写"四个选项供选择，用来指定线路"属性"选项板中"线路负荷名称"参数的格式。

图 11-3 "电气数据"选项

图 11-4 相位标签

2. 配线设置

在【电气设置】对话框中选择"配线"选项卡，如图 11-5所示，在右侧的列表中设置导线表达、尺寸、计算等参数。

"环境温度"选项：设置配线所在环境的温度。

"配线交叉间隙"选项：设置相互交叉的未连接导线的间隙的宽度。

"火线记号/地线记号/零线记号"选项：为三种类型的导线选择需要在绘图区域中显示的记号样式。需要从外部调入导线记号文件，然后可在选项列表中设置导线的记号类型。在未载入记号族之前，选项为空白显示。点击项目浏览器，展开"导线"列表，可以在其中显示记号的类型，如图 11-6 所示。

图 11-5　【电气设置】对话框　　　　　　　　　　图 11-6　项目浏览器

"横跨记号的斜线"选项：在选项中选择"是"选项，可将地线的记号显示为横跨其他导线的记号的对角线，系统默认选择"否"选项。

"显示记号"选项：在选项中提供三种类型供选择，分别是始终、从不、回路，可以指定是始终显示记号或者从不显示记号，或者仅显示回路记号。

在"配线"选项卡下选择"配线类型"选项，点击列表下方的"添加"按钮，可以添加新的导线类型，如图 11-7所示，并可设置导线的属性参数，例如名称、材质及额定温度等。

3. 电压定义与配电系统

选择"电压定义"选项卡，在右侧的列表中设置项目中配电系统所需要的电压。点击列表左下角的"添加"按钮，可添加并且自定义新的"电压定义"。每级电压可以指定"±20%"的电压范围，以方便适应所属不同制造商装置的额定电压。

选择"配电系统"选项卡，在列表中设置项目中可用的配电系统，如图 11-8所示。

"L-L电压"选项：在其中设置"电压定义"，以表示在任意两相之间的电压。该参数的规格取决于"相位"与"导线"的选择。该类型电压不适用于单向二线系统。

"L-G电压"选项：在选项中设置电压定义，以表示在"相"和"地"之间的电压。

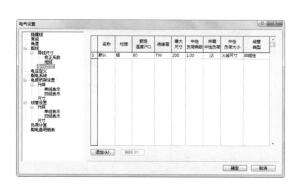
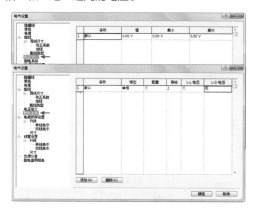

图 11-7　选择"配线类型"选项　　　　　　　　　图 11-8　电压定义与配电系统

4．负荷计算

通过设置电气负荷类型，并为不同的负荷类型指定需求系数，可以确定各个系统照明和用电设备等负荷的容量和计算电流，并选择合适的配电箱。

在【电气设置】对话框中选择"负荷计算"选项卡，如图 11-9所示。点击"负荷分类"按钮，调出【负荷分类】对话框。点击"需求系数"按钮，调出【需求系数】对话框。

图 11-9　选择"负荷计算"选项卡　　　　　　　　　图 11-10　选项列表

在"管理"选项卡上点击"设置"面板上的"MEP设置"命令按钮，在列表中选择"负荷分类"选项或者"需求系数"选项，如图 11-10所示，可以分别调出【负荷分类】对话框以及【需求系数】对话框。

● 负荷分类

在对话框中可以新建、复制、重命名、删除负荷类型，如图 11-11所示。在"负荷分类类型"列表中选择类型样式，在"名称"选项中显示类型名称，点击"需求系数"选项，在列表中选择系数类型，点击选项后的矩形按钮，进入【需求系数】对话框，在其中自定义系数参数值。

● 需求系数

通过点击"需求系数类型"列表下的新建、复制、重命名、删除等命令按钮编辑需求系数类型。

（1）按负荷。在"计算方法"选项中选择"按负荷"选项，如图 11-12所示，设置不同的负荷值，则所需要的需求系数值也不同。在"计算选项"中提供了两种计算方式，一种为"按一个百分比计算总负荷"，另一种为"每个范围递增"。点击列表右侧的按钮🞣，可以添加负荷范围，点击🞨按钮，可以删除选定的负荷范围。也可手动在表格中输入负荷和需求系数值。

图 11-11　【负荷分类】对话框　　　　　　　　　图 11-12　"按负荷"选项

（2）固定值。新创建的"需求系数类型"的默认计算方法都采用"固定值"方式，如图 11-13所示。可以在"需求系数"选项中直接设置系数值，也可使用系统默认值"100%"。

（3）按数量。设置不同的数量范围，需要不同的需求系数值，如图 11-14所示。

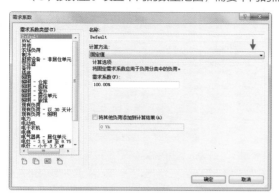

图 11-13 固定值

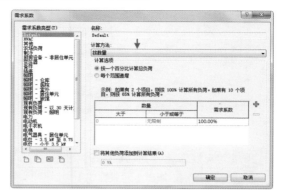

图 11-14 按数量

在"需求系数类型"选项列表中选择"电气器具-居住单元"选项，选择"按数量"及"按一个百分比计算总负荷"的计算方法，如图 11-15所示。对于计算结果可以解读为，连接在同一个配电盘上的此类设备数量超过3个时，第四个及以后的负荷按照其实际负荷的75%计算。

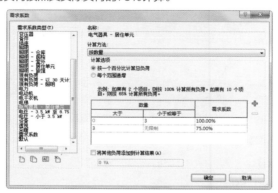

图 11-15 计算结果

11.1.2 视图设置

点击"视图"选项卡中"图形"面板上的"可见性/图形"命令按钮，调出【可见性/图形】对话框。在"过滤器列表"选项中选择"电气"选项，可以控制"可见性"列表中仅显示与电气相关的对象类别，如图 11-16所示。选择相应的选项，可以使其在视图中显示。

选择"管理"选项卡，点击"设置"面板上的"其他设置"命令按钮，在列表中选择"线宽"选项，如图 11-17所示，调出【线宽】对话框。在对话框中可以设置模型线宽、透视视图线宽及注释线宽，在线宽序号中显示相应视图比例下的线宽大小，如图 11-18所示，可以在单元格中修改线宽。点击"添加"或"删除"按钮，可以自定义线宽或者删除选中的线宽参数。

图 11-16 【可见性/图形】对话框

图 11-17　选项列表

图 11-18　【线宽】对话框

在【可见性/图形】对话框点击列表下方的"对象样式"按钮，调出【对象样式】对话框。在其中设置模型类别的线宽、线颜色以及线型图案，如图 11-19所示。点击"线型图案"选项，在列表中可以选择图案样式。

> **提示**
>
> 点击"管理"选项卡中"设置"面板上的"对象样式"命令按钮，可调出【对象样式】对话框。

图 11-19　【对象样式】对话框

11.1.3　布置设备

链接CAD图纸到Revit项目中，以CAD图纸作为底图，为布置电气设备提供参考。在开始布置电气设备前，要先锁定CAD图纸，以免在布置设备的过程中移动CAD图纸，产生混淆。

布置灯具及配电盘的方式如下所述。

1.布置灯具方式一

在项目浏览器中选择照明设备的类型，例如"双管吸顶式灯具"，如图 11-20所示。按住鼠标左键不放，将其拖动到绘图区域中，在"修改|放置 构件"选项卡中点击"放置在面上"命令按钮，如图 11-21所示。

单击鼠标左键，可以将照明设备布置在区域平面图的左上角，如图 11-22所示。

图 11-20　项目浏览器

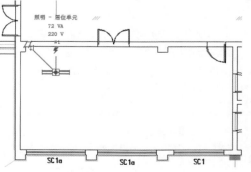

图 11-22　布置设备（左上角）

图 11-21　"修改 | 放置 构件"选项卡

2.布置灯具方式二

选择"系统"选项卡，点击"电气"面板上的"照明设备"命令按钮，如图 11-23所示。

在"属性"选项板中选择照明设备的类型，如图 11-24所示，在放置面上单击鼠标左键，可将设备布置于面上。

图 11-24　"属性"选项板

图 11-23　"电气"面板

3.布置配电盘

● 布置配电盘

在布置配电盘的时候，需要为其指定方向。

在"电气"面板上点击"电气设备"命令按钮，在"修改|放置 设备"选项卡中选择"放置在垂直面"上命令按钮，如图 11-25所示。在"属性"选项板中选择配电盘样式，如选择"照明配电箱"，如图 11-26所示。

图 11-26　选择配电盘样式

图 11-25　"修改 | 放置 设备"选项卡

此时可以在绘图区域中预览到配电盘，选择要放置的墙体，单击鼠标左键，布置配电盘的结果如图 11-27所示。

● 指定设备名称

为了方便创建电气系统，可以为电气设备指定名称。选择配电盘，在"属性"选项板中的"立面"选项中设置配电盘在立面上的垂直距离。在"配电盘名称"选项中为其命名，如图 11-28所示。

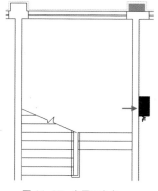

图 11-27　布置配电盘

图 11-28　修改属性

在"修改|放置 设备"选项卡中选择"在放置时进行标记"命令按钮，在布置配电盘时可以同时进行标记。在配电盘未命名的情况下，标记显示为"？"，如图 11-29所示。除了可在"属性"选项板中为其指定名称外，双击"？"标记，进入编辑状态，在其中指定名称，如图 11-30所示。在空白区域单击鼠标左键，修改名称的结果如图 11-31所示。

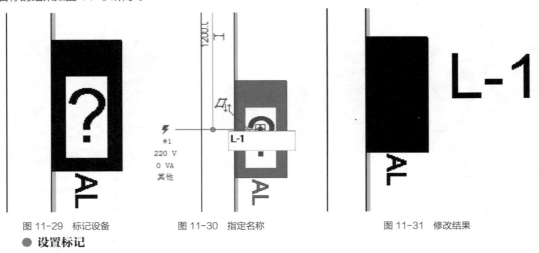

图 11-29　标记设备　　　　　　图 11-30　指定名称　　　　　　图 11-31　修改结果

● 设置标记

选择标记，进入"修改|电气设备标记"选项卡，点击"编辑族"命令按钮，如图 11-32所示。

图 11-32　点击"编辑族"按钮

进入族编辑器，选择标记，在"修改|标签"选项卡中点击"编辑标签"命令按钮，如图 11-33所示。在【编辑标签】对话框中设置标签信息，例如参数名称等，如图 11-34所示。

图 11-33　"修改|标签"选项卡　　　　　　图 11-34　【编辑标签】对话框

修改完成后，保存操作并退出族编辑器。选择标记，在"属性"选项板中设置是否在绘图区域中显示引线，以及引线的方向，如图 11-35所示。点击"编辑类型"按钮，在【类型属性】对话框中设置"引线箭头"的样式，如图 11-36所示。

图 11-35 "属性"选项板

图 11-36 【类型属性】对话框

11.1.4 创建电力系统

参考放置照明设备的方式来放置开关，在设备布置完毕后，可以开始创建电力系统的操作。

⭐ 01首先选择配电盘，在"修改|电气设备"选项栏中为配电盘指定配电系统，如图 11-37所示。接着在绘图区域中选择照明设备与开关，如图 11-38所示中选择灯具与三联开关。

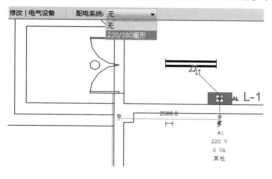

图 11-37 指定配电系统

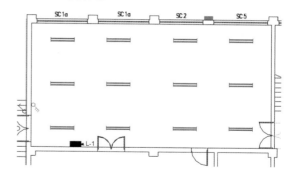

图 11-38 选择设备

> **提示**
>
> 有时候在"修改/电气设备"选项栏中会显示"无"选项，表示当前没有可选择的配电系统。此时需要检查配电盘的连接件设置中的电压和级数，或者在【电气设置】对话框中添加"配电系统"，使其与配电盘相匹配。

⭐ 02在"创建系统"面板中点击"电力"命令按钮，如图 11-39所示。进入"修改|电路"选项卡，点击"选择配电盘"命令按钮，如图 11-40所示，在绘图区域中选择配电盘。

图 11-39 单击"电力"按钮

图 11-40 "修改 | 电路"选项卡

⭐ 03选择配电盘后，可以用虚线显示导线连接设备的结果，并在图中显示导线按钮，如图 11-41所示。点击导线按钮，可以将虚线转换为永久性导线，如图 11-42所示。

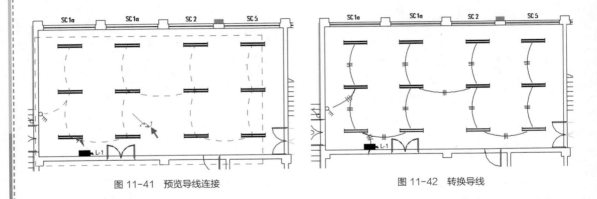

图 11-41 预览导线连接　　　　　　　　　　　图 11-42 转换导线

11.1.5 布置导线

布置导线有两种方式，一种是自动生成导线，另外一种是手动布置导线。如前一小节所述，在创建电力系统后，可以为回路自动生成导线。本节介绍手动布置导线的操作方式。

在"电气"面板上点击"导线"命令按钮，在选项表中选择"弧形导线"选项，如图 11-43 所示。在"修改|放置 导线"选项卡中点击"在放置时进行标记"命令按钮，如图 11-44 所示，在绘制导线的同时可以放置导线标记。

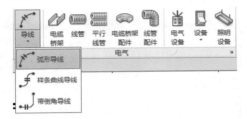

图 11-43 选择"弧形导线"选项

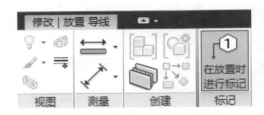

图 11-44 "修改|放置导线"选项卡

在灯具连接件上的单击鼠标左键，指定导线的起点（第一个点），移动鼠标，向左下角移动，在两个灯具之间的中点单击左键，指定导线的第二个点，接着向下移动鼠标，在另一灯具的连接件上单击鼠标左键指定导线的终点。因为选择了"在放置时进行标记"选项，因此在绘制导线的同时也创建了标记，如图 11-45 所示。可以先绘制灯具之间的连接导线，再绘制开关与灯具之间及开关与配电盘之间的连接导线，如图 11-46 所示。

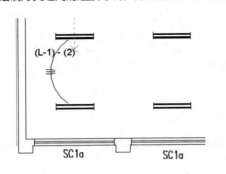

图 11-45 绘制导线　　　　　　　　　　　　　图 11-46 导线连接

选择导线，在"属性"选项板中显示导线的相关属性，例如类型、火线/零线/地线的导线数与尺寸，如图 11-47 所示。在"修改|导线"选项卡中，可调整相交导线的位置，将导线放到最前或者放到最后，如图 11-48 所示。

图 11-47　"属性"选项板

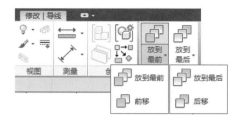

图 11-48　"修改 | 导线"选项卡

11.1.6　创建开关系统

⭐ 01选择灯具，点击"创建系统"面板上的"开关"命令按钮，如图 11-49所示。进入"开关系统"选项卡，点击"选择开关"命令按钮，如图 11-50所示。在绘图区域中选择控制灯具的开关。

图 11-49　点击"开关"按钮

图 11-50　点击"选择开关"按钮

⭐ 02"选择开关"按钮选择用于控制系统照明设备的开关。在绘图区域中，选择用于控制系统的开关。不在系统中的开关会显示为灰色，而且只能将单个开关添加到开关系统中。添加开关至系统中的结果如图 11-51所示。

点击"编辑开关系统"命令按钮，进入"编辑开关系统"选项卡，如图 11-52所示。在其中可以将新的构件添加到系统中，或者从系统中删除相应构件。单击"完成编辑系统"命令按钮，编辑系统时所做的修改才可显示在系统浏览器中。

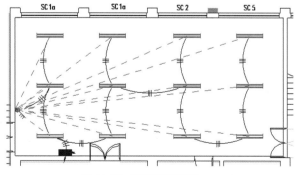

图 11-51　添加开关至系统

图 11-52　"编辑开关系统"选项卡

11.1.7　设置名称

选择配电盘，在"属性"选项板中显示其相关信息，例如安装方式及名称等，如图 11-53所示。为配电盘设置名称，可以在创建明细表时方便对配电盘进行追踪，以将其信息反映在明细表中。

图 11-53　"属性"选项板

11.1.8　系统分析

通过使用多种分析检查功能来帮助用户检查创建完成的电气系统，以方便及时更正。本节介绍几种常用的系统分析工具的使用方法。

1．线路属性

线路属性包括线路数、嵌板、系统类型、额定电压、电压、导线类型等。选择电力系统中的任一图元，点击进入"电路"选项卡，在绘图区域中显示代表电路的虚线框，如图 11-54所示。在"属性"选项板中点击展开选项栏，在其中查看电路的各项参数，如图 11-55所示。

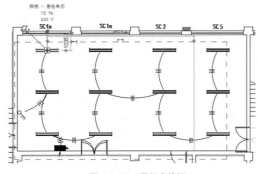

图 11-54　显示虚线框

图 11-55　查看电路属性

2．系统浏览器

选择"视图"选项卡，点击"用户界面"命令按钮，在列表中选择"系统浏览器"选项，如图 11-56所示。则【系统浏览器】对话框被调出，并显示在绘图区域的右侧，如图 11-57所示。

图 11-56　选择"系统浏览器"选项

图 11-57　系统浏览器

● **视图**

在"视图"选项中，设置视图选项的呈现方式，可以选择是按照"系统"还是"规程"来显示，如图 11-58所示。

（1）"系统"选项。

"系统"选项：按照规程所创建的主系统、辅系统在列表中显示构件。

"分区"选项：按照所创建的房间来显示构件。每个房间有对应的列表，点击展开列表，在其下显示所包含的构件。

（2）规程。

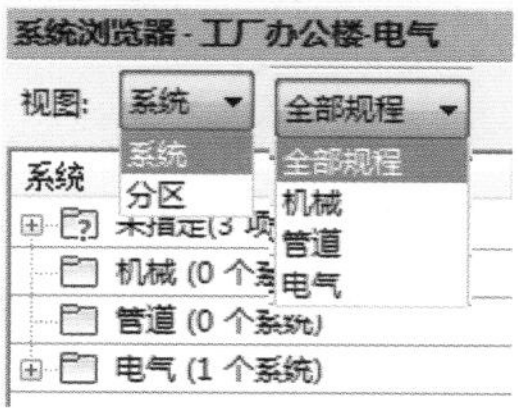

在列表中显示四个类型的规程，分别为机械、管道、电气以及全部规程。假如仅需要显示指定类型的规程，可以选择相应规程名称，例如选择"电气"规程，则仅显示与"电气"相关的构件。选择"全部规程"选项，可以显示当前项目中所有类型规程的构件。

● **设置列**

点击"自动调整所有列"按钮，可以根据标题文字来调整列宽，使其与文字相适应。

点击"列设置"按钮，调出如图 11-59所示的【列设置】对话框。选择规程，展开其列表，被选中的选项将显示于系统浏览器列表中。

系统浏览器的窗口默认显示在绘图区域的右侧，可以将其移动至任何位置。将鼠标指针置于浏览器的边界，待鼠标指针变成向左/向右箭头时，按住鼠标左键不放移动鼠标，可以调整浏览器窗口的大小，以适应其中内容的显示。

选择表列，单击鼠标右键，在调出的右键菜单中可以对表列执行各项操作。如选择"收拢"选项，可以收拢列表。选择"所有成员"选项，可以全选列表中的所有选项，如图 11-60所示。

选中表行，按住<Shift>键，可以连续选择多个表行；也可以按住<Ctrl>键并点击选择相应的表列，如图 11-61所示。这两种选择方式比使用选择"所有成员"方式要方便灵活。

在列表中选中指定的项，其所对应的图元在绘图区域中将高亮显示，以方便用户查看指定图元的相关属性。

图 11-58 视图

图 11-59 【列设置】对话框

图 11-60 右键菜单

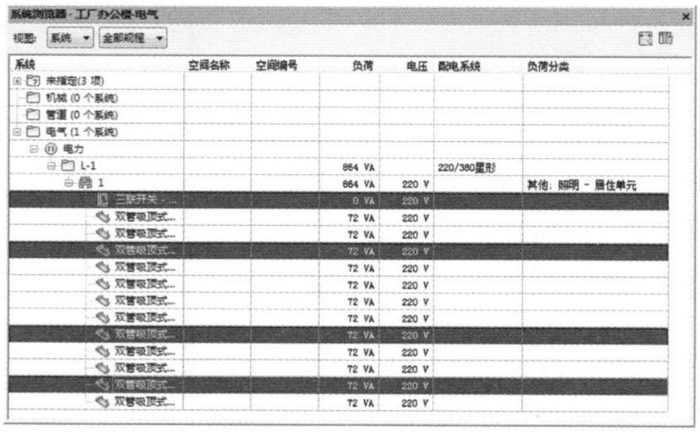

图 11-61 选择指定的表列

提示

按下"F9键"，也可打开系统浏览器。

3. 检查线路

选择"分析"选项卡，点击"检查系统"面板上的"检查线路"命令按钮，如图 11-62所示，可以检查所有线路中与配电盘的连接是否正确以及系统指定是否有效。

图 11-62 "检查系统"面板

在检查线路的过程中，假如发现错误，会在软件界面的右下角调出警示对话框，提醒线路的错误。展开任何警告消息并点击"显示"，可打开一个包含问题连接的视图。用户可纠正线路错误，也可点击"删除选定项"按钮将引发错误的构件删除。

然后继续检查线路并纠正错误，一直到系统显示【未发现任何错误】对话框为止，如图 11-63所示，表示当前的线路连接正确无误。

图 11-63 【未发现任何错误】对话框

> **提示**
>
> 输入快捷键"EC"，启用"检查线路"命令。

11.2 电缆桥架与线管

Revit MEP中所提供的电缆桥架与线管功能，加强了电气设计功能，方便在Revit MEP中开展各专业的碰撞检查。本节介绍MEP电缆桥架与线管功能。

11.2.1 电缆桥架

本节介绍电缆桥架的相关知识，例如电缆桥架的类型、电缆桥架配件、电缆桥架的设置和创建等。

1. 电缆桥架的类型

电缆桥架的类型有两种，分别为"带配件的电缆桥架"与"无配件的电缆桥架"。电缆桥架属于系统族，不能创建，但是可以对系统族的类型开展创建、修改、删除等操作。

查看电缆桥架类型的方式如下所述。

★ 01点击"电气"面板上的"电缆桥架"命令按钮，在"属性"选项板中点击电缆桥架的名称，如图 11-64所示，在调出的列表中显示当前项目文件中所包含的电缆桥架类型，如图 11-65所示。

图 11-64 "属性"选项板

图 11-65 类型列表

⭐ 02点击"属性"选项板中的"类型属性"按钮，调出【类型属性】对话框，在"族"选项中显示两个电缆桥架的系统族，在"类型"选项中显示系统族所包含的族类型，如图 11-66所示。

⭐ 03启用"电缆桥架"命令后，在"修改|放置 电缆桥架"选项卡中点击"属性"面板上的"类型属性"命令按钮，如图 11-67所示，调出【类型属性】对话框，在其中查看电缆桥架的类型。

图 11-66 【类型属性】对话框

图 11-67 "修改 | 放置 电缆桥架"选项卡

⭐ 04在项目浏览器中点击展开"电缆桥架"列表，在其中显示两种类型的电缆桥架，"带配件的电缆桥架"与"无配件的电缆桥架"。点击展开族类型类表，将显示系统族下所包含的族类型，如图 11-68所示。

在族类型名称上双击鼠标左键，调出【类型属性】对话框。在"管件"选项组下分别指定各类型的管件，如"水平弯头""垂直内弯头""垂直外弯头""T形三通"等，如图 11-69所示。系统中并没有自带管件构件，需要用户从外部导入。

在指定了管件后，在放置电缆桥架的过程中可以自动生成管件。

图 11-68 项目浏览器　　图 11-69 指定管件

2. 电缆桥架配件

从外部载入电缆桥架配件后，在项目浏览器中点击展开"电缆桥架配件"列表，在其中显示当前项目文件中所包含的所有配件类型，如图 11-70所示，类型有托盘式、梯级式、槽式，各类型又根据不同的样式被细分。

点击展开类型类别，选择子类型，按住鼠标左键不放，可将配件拖至绘图区域中，图 11-71所示为几种常见的托盘式电缆桥架配件。

图 11-70 构件列表

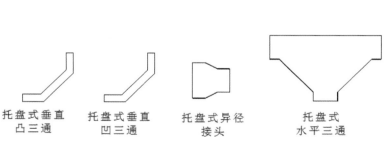

托盘式垂直　　托盘式垂直　　托盘式异径　　托盘式
凸三通　　　　凹三通　　　　接头　　　　水平三通

图 11-71 构件样式

　　选择配件，会显示配件的连接件、编辑按钮，例如"翻转配件"按钮及"旋转配件"按钮，如图 11-72所示。在连接件上单击鼠标右键，在右键菜单中选择"绘制电缆桥架"选项，可以连接件为起点绘制电缆桥架。临时尺寸参数表示所绘制的电缆桥架的尺寸，点击文字进入编辑状态修改即是修改即将绘制的电缆桥架的参数。

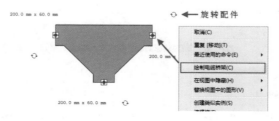

图 11-72　选择配件

3．设置电缆桥架

　　选择"管理"选项卡，点击"设置"面板上的"MEP设置"命令按钮，在调出的列表中选择"电气设置"选项，调出【电气设置】对话框。

● 设置基本参数

　　在对话框中选择"电缆桥架设置"选项卡，在右侧的选项列表中设置电缆桥架的参数，如图 11-73所示。

　　"为单线管件使用注释比例"选项：选择该项，将以下一行"电缆桥架配件注释尺寸"中的尺寸来绘制桥架以及桥架附件。

　　"电缆桥架配件注释尺寸"选项：设置在单线视图中所绘制的电缆桥架配件的出图尺寸，不会随着图纸比例的改变而改变。

　　"电缆桥架尺寸分隔符"选项：设置显示电缆桥架尺寸的符号，系统默认为"×"，即将电缆桥架尺寸显示为"300mm×100mm"。

　　"电缆桥架尺寸后缀"选项：设置附加于电缆桥架尺寸后面的符号。

　　"电缆桥架连接件分隔符"选项：设置在使用两个不同尺寸的连接件时用来分隔信息的符号。

● 设置"升降"参数

　　在【电气设置】对话框中选择"升降"选项，在右侧的选项表中显示"电缆桥架升/降注释尺寸"值，默认值为"3.18mm"，如图 11-74所示。

　　该值用来设置在单线视图中所绘制的升/降注释的出图尺寸，该尺寸不受图纸比例的影响，始终不变。

图 11-73　【电气设置】对话框

图 11-74　升/降注释尺寸

在"升降"列表下点击"单线表示"选项，在右侧列表中显示"升符号"与"降符号"的值的表现方式，如图 11-75所示。系统默认选择"四通-无轮廓"样式，点击"值"选项后的矩形按钮，调出【选择符号】对话框，在其中设置符号样式，如图 11-76所示。

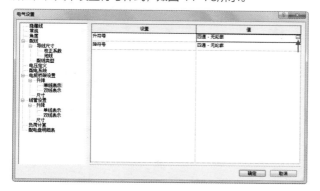
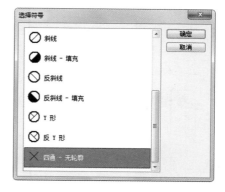

图 11-75　选择"单线表示"选项　　　　图 11-76　【选择符号】对话框

选择"双线表示"选项，在对话框中显示"升符号"与"降符号"的"值"为"交叉线"，如图 11-77所示。点击"值"选项后的矩形按钮，在【选择符号】对话框中更改符号类型，如图 11-78所示。

图 11-77　选择"双线表示"选项　　　　图 11-78　更改符号类型

● 设置尺寸参数

在"升降"列表下点击"尺寸"选项，在对话框的右侧显示尺寸列表，如图 11-79所示。点击"新建尺寸"按钮，可以添加新的尺寸参数。点击"删除尺寸"或"修改尺寸"按钮，可以删除或者修改尺寸参数。

在"用于尺寸列表"表列中选择指定的尺寸参数，可以将该尺寸参数添加到"修改|放置 电缆桥架"选项栏中，点击"宽度"以及"高度"选项，在展开的列表中显示所添加的尺寸参数，如图 11-80所示。

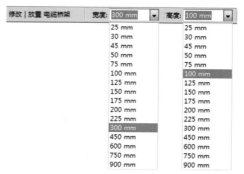

图 11-79　选择"尺寸"选项　　　　图 11-80　尺寸参数列表

4. 创建电缆桥架

创建电缆桥架的方式如下所述。

⭐ 01在"电气"面板上点击"电缆桥架"命令按钮，如图 11-81所示。

⭐ 02选择配件，在连接件上单击鼠标右键，在右键菜单中选择"绘制电缆桥架"选项，如图 11-82所示。

⭐ 03输入快捷键"CT"，启用"电缆桥架"命令。

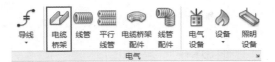

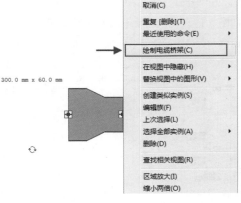

图 11-81　点击"电缆桥架"命令按钮　　　　图 11-82　选择"绘制电缆桥架"选项

创建电缆桥架的步骤如下所述。

⭐ 01启用"电缆桥架"命令后，在"属性"选项板中选择电缆桥架的类型，点击电缆桥架的名称，在调出的列表中选择电缆桥架的类型，如图 11-83所示。

⭐ 02设置宽度、高度。在"修改|放置 电缆桥架"选项栏中设置"宽度"与"高度"参数，可在列表中选择尺寸参数，也可直接在选项框中输入尺寸参数。

⭐ 03设置"偏移量"参数值，表示电缆桥架中心线相对于当前平面标高的距离。可以在尺寸列表中选择尺寸参数，也可自定义尺寸参数。

⭐ 04"弯曲半径"参数值随电缆桥架"宽度"值的变化而变化。

⭐ 05参数设置完成，在绘图区域中指定电缆桥架的起点与终点，如图 11-84所示，单击鼠标左键，完成一段电缆桥架的创建。

图 11-83　选择样式　　　　　　　　图 11-84　"修改 | 放置 电缆桥架"选项栏

在不同的视图显示"详细程度"，电缆桥架的显示样式也不同。如图 11-85所示为在"精细"模式下电缆桥架的显示样式，为提高系统的运算速度，可将"详细程度"修改为"粗略"，则显示电缆桥架的结果如图11-86所示。

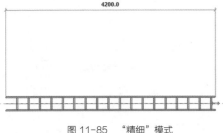

图 11-85　"精细"模式　　　　　　　　图 11-86　"粗略"模式

5. 放置工具

● **对正**

在"放置工具"面板中点击"对正"命令按钮，如图 11-87所示。调出如图 11-88所示的【对正设置】对话框，在其中指定管网及管道的默认"水平对正""水平偏移""垂直对正"方式。

"水平对正"的方式有"中心""左""右"，用来指定当前视图中相邻管段之间的水平对齐方式。

"水平偏移"的参数值用来指定绘制起始点位置与实际绘制位置之间的偏移距离，一般用来指定电缆桥架与墙体等参考图元之间的水平偏移距离。

图 11-87 "放置工具"面板

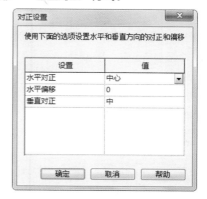

图 11-88 【对正设置】对话框

"垂直对正"的方式有"中""底""顶"，用来设置当前视图中相连管段之间的垂直对齐方式。

也可以选择绘制完成的电缆，进入"修改|电缆桥架"选项卡，点击"对正"命令按钮，如图 11-89所示。进入"对正编辑器"选项卡，如图 11-90所示，在其中修改电缆桥架的对正效果。

点击"对齐线"命令按钮，可以指定一条参照线以编辑对正效果。通过单击对齐方式列表中的命令按钮，可以更改电缆桥架的对正方式。点击"控制点"按钮，指定参照端点。

图 11-89 "修改|电缆桥架"选项卡

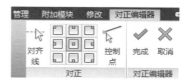

图 11-90 "对正编辑器"选项卡

电缆桥架的对正操作与管段的对正操作相同，可以参考第9章中关于"风管对正操作"的介绍。

● **自动连接**

启用"电缆桥架"命令后，在"放置工具"面板中系统自动选择"自动连接"命令。选择该项后，可以允许在管段开始或者结束时通过连接捕捉配件。

在启用"自动连接"的情况下，在绘制电缆桥架与另一电缆桥架相交时，可自动生成T形三通配件，如图 11-91所示。

清除"自动连接"选项，相交的电缆桥架不会生成配件，如图 11-92所示。

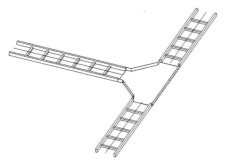

图 11-91 生成T形三通配件

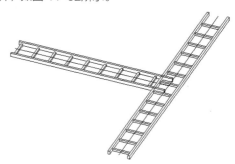

图 11-92 不生成配件

6. 电缆桥架配件

电缆桥架的配件可将各段电缆桥架连接起来，配件的类型有弯头、T形三通、交叉线等。

● 放置配件

放置配件有两种方式，一种是自动放置，另一种是手动放置。

（1）自动放置。

在电缆桥架【类型属性】对话框中的"管件"选项组中指定各类型配件，如图 11-93所示，在绘制电缆桥架时可以自动放置所指定的各类型配件。

（2）手动放置。

点击"电气"面板上的"电缆桥架配件"命令按钮，如图 11-94所示，在"属性"选项板中选择配件类型。

图 11-93　指定各类型配件

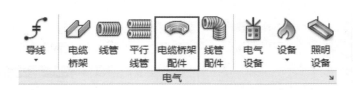

图 11-94　单击"电缆桥架配件"按钮

在"属性"选项板中显示配件的"名称""标高""宽度""高度"等属性参数，如图 11-95所示。点击配件名称，调出类型列表，如图 11-96所示，在其中显示当前项目文件中所包含的所有配件类型，点击可选择配件。

在项目浏览器中点击展开"电缆桥架配件"选项表，在列表中显示各配件名称，选择配件，按住鼠标左键不放，移动鼠标可将配件拖到绘图区域中，实现手动布置。

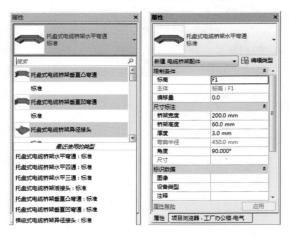

图 11-95　配件属性参数　　图 11-96　配件类型表

提示

输入快捷键"TF"，可启用"电缆桥架配件"命令。

● 编辑配件

选择配件，在配件的周围显示一组控制按钮，如图 11-97所示，点击启用按钮，可以对配件执行编辑操作，例如编辑尺寸、调整方向等。

⚙01点击临时尺寸标注，进入在位编辑状态，在其中修改宽度或高度值，如图 11-98所示。在绘制了电缆桥架后，临时尺寸参数显示为黑色便不可更改，如图 11-99所示。

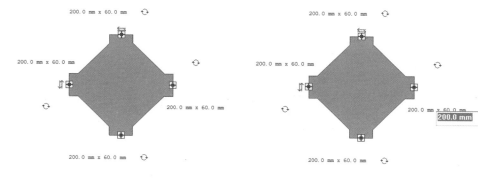

图 11-97 控制按钮

图 11-98 在位编辑状态

⚙02点击⇆按钮，可180°翻转配件。

⚙03点击↻按钮，旋转配件。

⚙04选中配件连接件，调出右键菜单，在菜单中选择"绘制电缆桥架"选项，绘制电缆桥架与配件相连接。

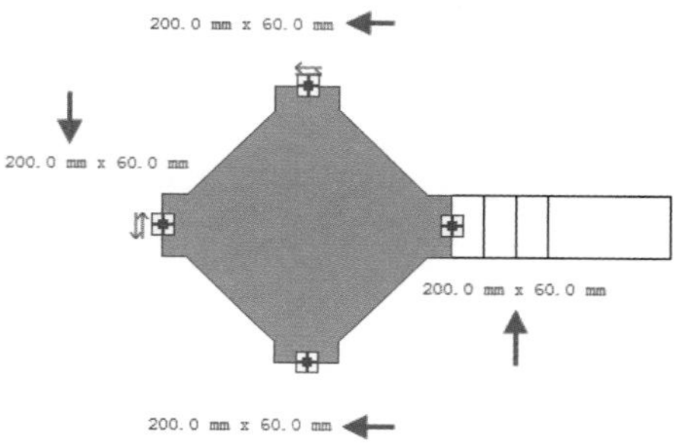

● **电缆桥架的两种类型**

电缆桥架分为"带配件的电缆桥架"与"无配件的电缆桥架"两种类型。"带配件的电缆桥架"通过配件连接各段电缆桥架，如图 11-100、图 11-101所示为带水平四通标准配件的电缆桥架的二维样式与三维样式的绘制结果。

图 11-99 尺寸参数暗显

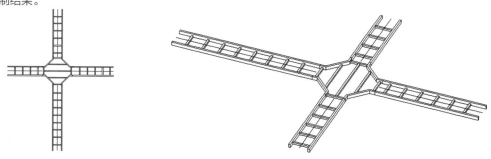

图 11-100 带配件的电缆桥架（2D）

图 11-101 带配件的电缆桥架（3D）

"无配件的电缆桥架"不通过配件来连接各段相通的电缆桥架，在交叉时桥架可自动打断以连接相通，如图 11-102、图 11-103所示为"无配件的电缆桥架"二维样式与三维样式的绘制结果。

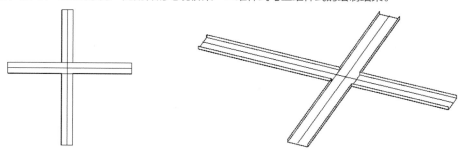

图 11-102 无配件的电缆桥架（2D）

图 11-103 无配件的电缆桥架（3D）

11.2.2 线管

本节介绍线管的相关知识，如线管的类型、线管的设置、线管的绘制、线管的显示等。

1. 线管的类型

与电缆桥架相类似，线管的类型也有两种，一种为"有配件的线管"，另一种为"无配件的线管"。查看线管类型的方式如下所述。

✪ 01选择"电气"面板上的"线管"命令按钮，在"属性"选项板中点击线管名称以展开列表，在列表中显示当前项目文件中所包含的线管类型，如图11-104所示。

✪ 02在"属性"选项板中点击"类型属性"按钮，在【类型属性】对话框中点击"族"选项，在列表中显示线管类型，如图11-105所示。

图11-104　类型列表

图11-105　【类型属性】对话框

✪ 03在项目浏览器中展开"线管"列表，在其中显示线管的类型，如图11-106所示。

2. 设置线管

选择"管理"选项卡，点击"设置"面板上的"MEP设置"命令按钮，在调出的列表中选择"电气设置"选项。在调出的【电气设置】对话框中点击选择"线管设置"选项卡，在右侧的列表中设置线管的各项参数，如图11-107所示。各项参数的含义请参考5.3.1小节中设置电缆桥架的介绍。

图11-106　"线管"列表

图11-107　【电气设置】对话框

选择"尺寸"选项，对话框的右侧设置线管尺寸参数，如图11-108所示。在"标准"选项列表中选择线管尺寸标准，点击"新建尺寸""删除尺寸""修改尺寸"按钮，对尺寸执行新建、删除或修改操作。

"ID"选项：指线管的内径大小。

"OD"选项：指线管的外径大小。

"最小弯曲半径"选项：指圆心到线管中心的距离，即弯曲线管时所允许的最小弯曲半径。

图 11-108　尺寸参数列表

3. 绘制线管

● 绘制方式

绘制线管的方式如下所述。

⭐ 01点击"电气"面板上的"线管"命令按钮，如图 11-109所示。

⭐ 02选择线管管件，单击鼠标右键，在菜单列表中选择"绘制线管"选项，如图 11-110所示。

⭐ 03输入快捷键"CN"。

图 11-109　点击"线管"命令按钮

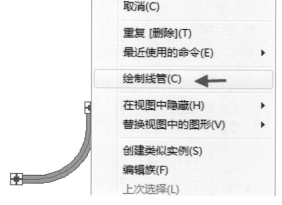

图 11-110　选择"绘制线管"选项

● 绘制步骤

绘制线管的操作步骤如下所述。

⭐ 01启用"线管"命令后，进入"修改|放置 线管"选项卡，如图 11-111所示。在"直径"选项列表中选择尺寸参数，该选项中的参数与"弯曲半径"选项中的参数相对应。在【电气设置】对话框中选择"线管"选项组下的"尺寸"选项，在右侧的参数列表中查看不同"直径"大小所对应的"弯曲半径"大小。

图 11-111　"修改 | 放置 线管"选项卡

⭐ 02"偏移量"大小表示线管中心线与相对于当前平面标高的距离。

⭐ 03在"属性"选项板中选择线管类型，还可在选项板中设置线管的属性参数，如图 11-112所示。

⭐ 04在"属性"选项板中点击"类型属性"按钮，在【类型属性】对话框中

图 11-112　"属性"选项板

选择线管类型，在"标准"列表中选择线管尺寸标准。在"管件"选项组下分别设置各配件类型，如图 11-113所示，假如未从外部载入配件族，则选项显示"无"。

⭐ 05在绘图区域中指定线管的起点与终点，点击鼠标左键，可以完成绘制一段线管的操作，如图 11-114所示。此时仍处于放置线管的状态，可以继续执行绘制线管的操作，也可以按下<Esc>键退出命令。

图 11-113　【类型属性】对话框

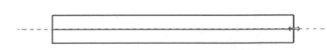

图 11-114　绘制线管

● **平行线管**

点击"电气"面板上的"平行线管"命令按钮，如图 11-115所示，进入"修改|放置平行相"选项卡，选择"相同弯曲半径"按钮，设置"水平数"及"水平偏移"参数值，如图 11-116所示。

图 11-115　"电气"面板

图 11-116　"修改 | 放置平行相"选项卡

选择线管，按下<Tab>键选择线管管路，单击鼠标左键完成选择操作，系统可按照所设定的方向及距离复制线管，如图 11-117、 图 11-118所示。

"同心弯曲半径"选项：平行线管管路将在原始线管管路的弯曲半径的基础上，使用不同的弯曲半径。弯曲半径不能超过所用线管类型的最小半径，在这些情况下，将使用最小弯曲半径。该选项仅适用于无管件的平行线管类型。

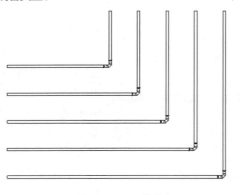

图 11-117　二维样式

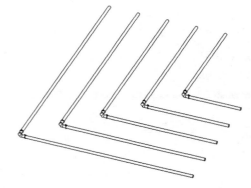

图 11-118　三维样式

4. 线管显示

在状态栏上点击"详细程度"按钮，在调出的列表中设置视图的"详细程度"。选择"精细"选项，可以显示线管的细节，但是需要占用较大的系统内存，拖慢系统的运算，通常情况下不选择该显示方式。如图 11-119、图 11-120所示为线管在"精细"样式下二维及三维样式的显示结果。

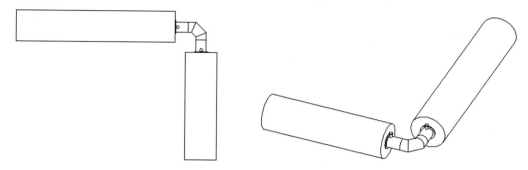

图 11-119　二维样式　　　　　　　　　　　图 11-120　三维样式

选择"粗略"或"中等"选项，线管均以单线显示，可以降低系统内存的占用，提高系统运算速度。如图 11-121、图 11-122所示为在"粗略"或"中等"样式下线管的二维及三维显示结果。

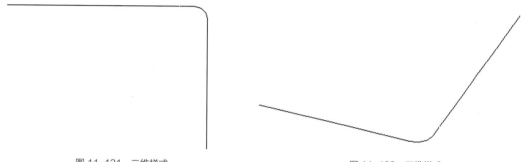

图 11-121　二维样式　　　　　　　　　　　图 11-122　三维样式

第12章

暖通案例

本章以商务办公楼为例，介绍创建建筑暖通系统的操作方法。

12.1 导入CAD图纸

创建完成建筑模型后，可在此基础上导入CAD图纸，以CAD图纸为参考，开始创建暖通模型。本节介绍导入CAD图纸的操作，以及将CAD图纸与建筑模型对齐、关闭CAD图纸的显示以及隐藏建筑模型图元的操作步骤。

⭐ 01 打开已经绘制完成的"办公楼-暖通.rte"文件，在其中进行暖通模型的创建操作。

⭐ 02 选择"插入"选项卡，点击"导入"面板上的"导入CAD"按钮，如图 12-1所示，调出【导入CAD格式】对话框。

⭐ 03 在【导入CAD格式】对话框中选择"暖通平面图.dwg"文件，设置"导入单位"为"毫米"，选择"定位"方式为"自动-原点到原点"选项，选择"放置于"为"F1"视图，如图 12-2所示，点击"打开"按钮。

图 12-1 点击"导入 CAD"按钮

图 12-2 【导入 CAD 格式】对话框

⭐ 04 链接进来的DWG文件如图 12-3所示，此时DWG文件与建筑模型未重合。

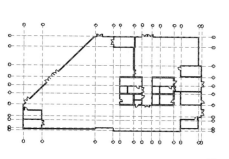

图 12-3 链接 CAD 文件

⭐ 05 选择"修改"选项卡，点击"修改"面板上的"对齐"按钮，如图 12-4所示。

⭐ 06 在建筑模型中点击①轴轴线，接着在链接CAD文件中点击①轴轴线，可将①轴轴线相对齐。接着单击建筑模型中的Ⓐ轴轴线，再在CAD文件上点击Ⓐ轴轴线，可将Ⓐ轴轴线对齐。此时，CAD文件与建筑模型重合，如图 12-5所示。

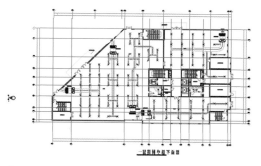

图 12-4 点击"对齐"按钮

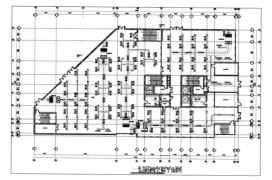

图 12-5 对齐图形

⭐ 07 选择CAD文件，在"修改|暖通平面图.dwg"选项卡中点击"锁定"按钮 ⌗，如图 12-6所示，将CAD图纸锁定。

⭐ 08 选择"视图"选项卡，点击"图形"面板上的"可见性/图形"按钮，如图 12-7所示。

图 12-6　点击"锁定"按钮　　　　　　　　　图 12-7　点击"可见性/图形"按钮

⭐ 09 在【可见性/图形替换】对话框中选择"导入的类别"选项卡，在其中显示从外部导入到项目文件中的图形文件，取消选择"暖通平面图.dwg"选项，如图 12-8所示。

⭐ 10 点击"确定"按钮关闭对话框，CAD图纸被关闭显示。

⭐ 11 选择建筑模型图元，单击鼠标右键，选择"在视图中隐藏|图元"选项，如图 12-9所示，将建筑模型图元隐藏。

⭐ 12 接着再次启用"可见性/图形"工具，在【可见性/图形替换】对话框重新选择"暖通平面图.dwg"选项，点击"确定"按钮，可重新显示CAD图纸。

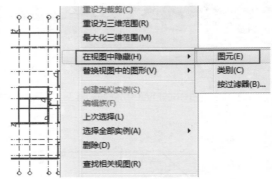

图 12-8　【可见性/图形替换】对话框　　　　　图 12-9　选择"在视图中隐藏|图元"选项

> **提示**
> 首先将CAD图纸关闭显示，是为了能全部选择建筑模型图元并将其隐藏。

12.2 设置风管属性

选择"系统"选项卡，在HAVC面板上点击"风管"命令按钮，如图 12-10所示，进入"修改|放置 风管"选项卡。在"属性"选项板上显示风管的属性，如图 12-11所示，当前选择的风管类型为"矩形风管"，在"机械""机械-流量"等选项组下显示风管的默认设置参数。

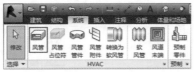

图 12-10　HAVC 面板

图 12-11　"属性"选项板

点击"编辑类型"按钮，打开【类型属性】对话框。单击"族"选项，在调出的列表中显示风管的类型，包含"矩形风管""椭圆形风管"以及"圆形风管"，如图 12-12所示。

点击"布管系统配置"选项后的"编辑"按钮，调出【布管系统配置】对话框，如图 12-13所示。在对话框中设置构件，项目文件并未自带风管构件，需要用户从外部文件中导入。

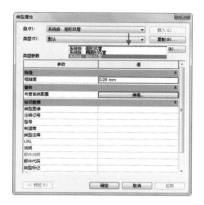

图 12-12 【类型属性】对话框

图 12-13【布管系统配置】对话框

点击"载入族"按钮，调出【载入族】对话框，选择风管构件，如图 12-14所示，点击"打开"按钮，可将选中的族文件载入到当前项目文件中。

执行"载入族"操作后，在【布管系统配置】对话框点击相应的选项，如点击"首选连接类型"选项，在调出的列表中显示已载入的连接构件类型，点击选择其中一个即可，如图 12-15所示。

重复地执行"载入族"操作，将相应的构件载入到项目文件中。

"弯头"选项：在选项中选择风管改变方向时所使用的弯头类型。

"首选连接件类型"选项：设置风管支管的连接方式。

"连接"选项：设置风管的连接方式。

"四通"选项：设置风管四通连接的方式。

"过渡件"选项：设置风管变径的默认类型。

"多形状过渡件"选项：设置不同轮廓（如圆形、矩形、椭圆形）的风管的连接方式。

图 12-14 【载入族】对话框

图 12-15 【布管系统配置】对话框

在"弯头"选项中选择"矩形弯头"，风管改变方向时所使用的弯头为"矩形弯头"，呈90°角显示，如图 12-16所示。返回【布管系统配置】对话框中修改"弯头"样式，如选择"矩形弯头-平滑半径"样式，如图 12-17所示。接着在绘图区域中观察修改"弯头"样式后，风管连接样式的变化。

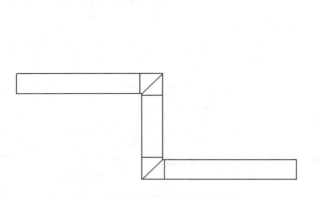

图 12-16　矩形弯头

图 12-17　修改弯头样式

　　如图 12-18所示，风管在改变方向时，连接风管的弯头的轮廓线为平滑曲线。在设置了风管的构件类型后，在接下来的风管绘制工作中就不需要重复设置。假如需要绘制不同样式的风管，改变风管的类型即可，提高了绘图的效率。

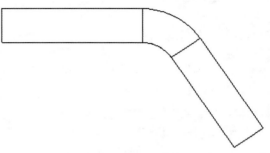

图 12-18　平滑样式

12.3　设置风管颜色

　　风管系统的类型有很多种，例如送风系统、回风系统、新风系统等。在一个视图中可能包含多个风管系统，为方便区分各个系统，可为其设置不同的颜色。

　　⭐ 01 在"F1"视图中选择"视图"选项卡，点击"视图"选项卡，点击"图形"面板上点击"可见性/图形"按钮，调出【可见性/图形替换】对话框。选择"过滤器"选项卡，如图 12-19所示，此时项目文件中尚未创建任何过滤器。

　　⭐ 02 点击"添加"按钮，调出【添加过滤器】对话框，点击"编辑/新建"按钮，如图 12-20所示。

图 12-19　选择"过滤器"选项卡

图 12-20　【添加过滤器】对话框

⭐ 03 在弹出的【过滤器】对话框中点击左下角的"新建"按钮，如图 12-21所示。

⭐ 04 调出【过滤器名称】对话框，在"名称"选项中设置过滤器名称，以风管系统的名称命名，如图 12-22所示。

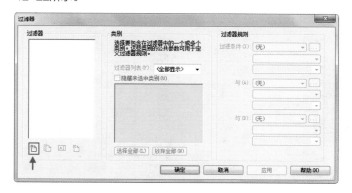

图 12-21 【过滤器】对话框　　　　　　　　　　图 12-22 【过滤器名称】对话框

⭐ 05 点击"确定"按钮返回【过滤器】对话框，在"类别"列表中选择与风管相关的选项，接着在"过滤条件"选项中选择"系统名称"，在"包含"选项下输入"送风"，如图 12-23所示，表示在执行过滤操作时，以系统名称为过滤条件。

⭐ 06 点击"确定"按钮，在【添加过滤器】对话框中显示新建的过滤器，如图 12-24所示。

图 12-23 设置过滤条件　　　　　　　　　　图 12-24 新建过滤器

⭐ 07 点击"确定"按钮，在【可见性/图形替换】对话框中显示新建的过滤器，如图 12-25所示。

⭐ 08 重复上述操作，继续创建名称为"排风系统"的过滤器，如图 12-26所示。

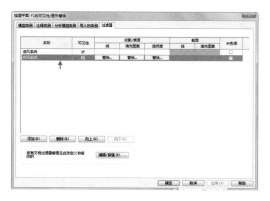

图 12-25 "送风系统"过滤器　　　　　　　　　　图 12-26 "排风系统"过滤器

⭐ 09 在"投影/表面"表列下点击"填充图案"单元格,调出【填充样式图形】对话框。单击"颜色"选项,在【颜色】对话框中设置风管系统颜色,如图 12-27所示。

⭐ 10 点击"确定"按钮关闭对话框,接着在【填充样式图形】对话框中点击"填充图案"选项,调出图案样式列表,选择"实体填充"选项,如图 12-28所示。

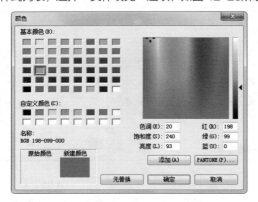

图 12-27 【颜色】对话框   图 12-28 样式列表

⭐ 11 点击"确定"按钮关闭【填充样式图形】对话框,在"填充图案"单元格中显示所设置的填充图案及填充颜色,如图 12-29所示。

⭐ 12 重复操作,在【填充样式图形】对话框中设置"送风系统"的填充图案,结果如图 12-30所示。

⭐ 13 点击"确定"按钮关闭对话框,不同类型的风管系统将以所设定的颜色显示。

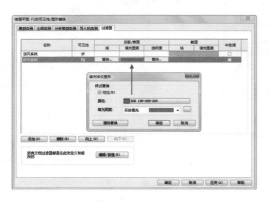

图 12-29 设置结果   图 12-30 设置"送风系统"颜色

12.4 添加设备

在10.1小节中将建筑模型图元隐藏,仅显示导入进来的CAD图纸。本节介绍在CAD底图上添加暖通设备的操作方法。

1. 添加静压箱

⭐ 01 选择CAD图纸,进入"修改|暖通平面图.dwg"选项卡,点击"导入实例"面板上的"查询"按钮,如图 12-31所示。

02 单击鼠标左键点击轴线，调出【导入实例查询】对话框，在列表中显示查询轴线信息的结果，例如"块名称""图层/标高"等，如图 12-32所示，点击"在视图中隐藏"按钮，接着点击"确定"按钮关闭对话框。

图 12-31 点击"查询"按钮

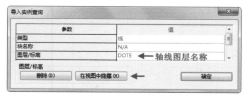

图 12-32 【导入实例查询】对话框

03 隐藏轴网后，CAD图纸如图 12-33所示。轴线被隐藏后画面较清爽，在绘制风管时方便确定起点与终点。

04 选择"系统"选项卡，点击"HAVC"面板上的"风管管件"命令按钮，如图 12-34所示。

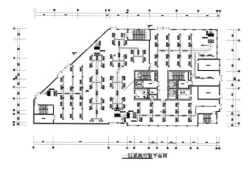

图 12-33 关闭"轴网"图层

图 12-34 点击"风管管件"按钮

提示

输入"DE"快捷键，启用"风管管件"命令。

05 在"属性"选项板中选择静压箱，如图 12-35所示，点击"编辑类型"按钮。

06 调出【类型属性】对话框，点击"复制"按钮，在调出的【名称】对话框中设置名称参数，如图 12-36所示。

图 12-35 选择静压箱

图 12-36 设置名称

07 点击"确定"按钮关闭对话框返回【类型属性】对话框，在"尺寸标注""其他"选项组中设置参数，如图 12-37所示。

⭐ 08 在绘图区域中单击鼠标左键指定静压箱的放置点，使其与CAD底图上的静压箱轮廓线对齐，如图12-38所示。

图 12-37　设置参数

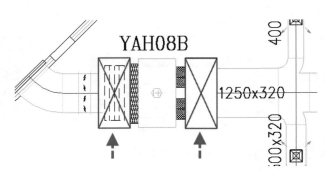

图 12-38　放置静压箱

2. 添加空调机组

⭐ 01 在"HAVC"面板上点击"风管附件"按钮，如图12-39所示，开始放置空调机组的操作。

⭐ 02 在"属性"选项板中选择空调机组的类型，如图 12-40 所示，接着点击"编辑类型"按钮。

图 12-39　点击"风管附件"按钮

图 12-40　"属性"选项板

提示

输入快捷键"DA"，启用"风管附件"命令。

⭐ 03 在【类型属性】对话框中设置"尺寸标注"选项组下的空调机组的参数，如图 12-41所示。

⭐ 04 点击"确定"按钮关闭对话框，在两个静压箱之间点取空调机组的插入点，放置机组的结果如图12-42所示。

图 12-41　【类型属性】对话框

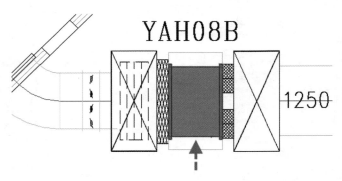

图 12-42　放置空调机组

12.5 绘制风管连接设备

激活暖通设备上的夹点，可以创建风管。从夹点绘制风管，也可在选项栏、"属性"选项以及【类型属性】对话框中设置风管的属性。本节介绍通过激活"静压箱"设备上的夹点、"空调机组"设备上的夹点来绘制风管的操作方法。

⭐ 01 首先绘制主风管。在"系统"选项卡中点击"HAVC"面板上的"风管"按钮，在"属性"选项板上点击"编辑类型"按钮，进入【类型属性】对话框。

⭐ 02 点击"复制"按钮，在【名称】对话框中设置风管名称为"送风管"，如图 12-43所示，点击"确定"按钮关闭对话框，完成创建送风管的操作。

⭐ 03 继续点击"复制"按钮，在【名称】对话框中设置风管名称为"排风管"，如图 12-44所示，点击"确定"按钮，完成创建排风管的操作。

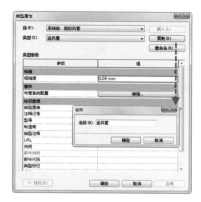

图 12-43 创建送风管

图 12-44 创建排风管

⭐ 04 选择空调机组，在右侧矩形夹点上单击鼠标右键，在调出的右键菜单中选择"绘制风管"选项，如图 12-45所示。

⭐ 05 在"修改|风管"选项栏上设置风管的"宽度""高度""偏移量"参数，在"属性"选项板中设置"系统类型"为"排风"，向右移动鼠标，指定风管的终点，绘制风管如图 12-46所示。

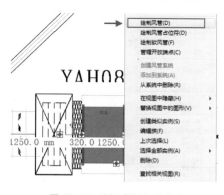

图 12-45 选择"绘制风管"选项

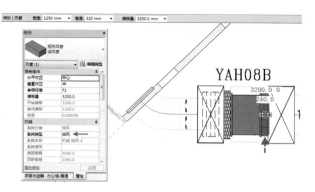

图 12-46 设置参数

提示

在CAD底图中的风管轮廓线内标注风管尺寸为"1250×320"，表示风管的宽度为1250mm，高度为320mm，所以需要在选项栏中设置参数。"偏移量"参数表示风管中心线相对于当前平面标高的距离。

⭐ 06 在空调机组左侧的矩形夹点上调出右键菜单，选择"绘制风管"选项，向左移动鼠标指定风管终点，绘制风管如图12-47所示。

⭐ 07 在"HAVC"面板上点击"风管"按钮，在"属性"选项板中选择风管类型为"排风管"，设置"系统类型"为"排风"，如图12-48所示。

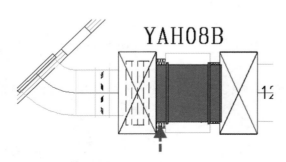

图12-47 绘制风管　　　　　　　　　　　　　　　　图12-48 "属性"选项板

⭐ 08 指定风管的起点与终点，绘制排风管的结果如图12-49所示。

⭐ 09 布置送风口。在"HAVC"面板上点击"风管末端"按钮，如图12-50所示。

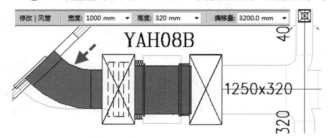

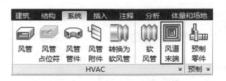

图12-49 绘制风管　　　　　　　　　　　　　　图12-50 点击"风管末端"按钮

> **提示**
> 输入快捷键"DT"，启用"风管"命令。

⭐ 10 在"属性"选项板中选择送风口类型，设置"偏移量"参数值，如图12-51所示。

⭐ 11 点击"编辑类型"按钮，调出【类型属性】对话框，设置"格栅宽度"与"格栅高度"参数，如图12-52所示。

> **提示**
> 输入快捷键"AT"，启用"风管末端"命令。

图12-51 选择送风口类型　　　　　　　　图12-52 【类型属性】对话框

⭐ 12 点击"确定"按钮关闭对话框，在选项栏上选择"放置后旋转"选项，在风管的末端点取基点放置风口，移动鼠标，设置旋转角度为45°，放置风口的结果如图 12-53 所示。

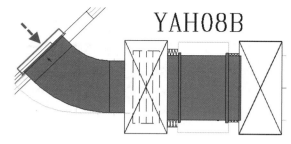

图 12-53 放置风口

12.6 添加散流器

建筑中的空调通风系统包含各种规格的风管以及各种样式的设备，本节介绍添加散流器设备以及绘制风管连接设备的操作方法。

⭐ 01 选择右侧的静压箱，点击右边的矩形夹点，调出右键菜单选择"绘制风管"选项。

⭐ 02 在选项栏上设置风管的"宽度""高度""偏移量"，在"属性"选项板中设置"系统类型"为"送风"，向右移动鼠标，绘制风管与静压箱连接，如图 12-54 所示。

⭐ 03 单击鼠标左键指定风管的终点，完成一段风管的绘制。接着激活风管上的矩形按钮，启用"绘制风管"选项，修改风管"宽度"为"1000"，其他参数保持不变，向右移动鼠标，指定风管的终点，不同宽度的风管由过渡件来连接，如图 12-55 所示。

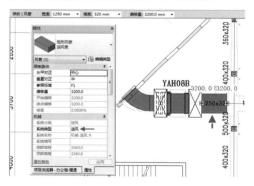

图 12-54 绘制风管

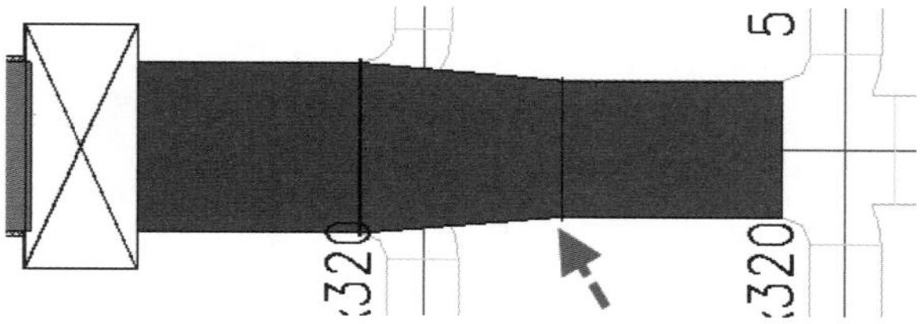

图 12-55 过渡件连接风管

⭐ 04 重复上述操作，修改风管"宽度"为"800"，继续绘制风管，结果如图 12-56 所示。

图 12-56 绘制宽度为 800 的风管

⭐ 05 在"HAVC"面板上点击"风管末端"按钮，如图 12-57 所示。

⭐ 06 在"属性"选项板中选择"送风散流器-矩形"，点击"编辑类型"按钮，调出【类型属性】对话框。点击"复制"按钮，在【名称】对话框中设置散流器名称，如图 12-58所示。

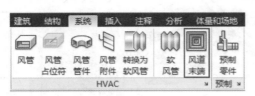

图 12-57　点击"风管末端"按钮

图 12-58　【名称】对话框

⭐ 07 点击"确定"按钮关闭对话框，在【类型属性】对话框中设置散流器尺寸参数，如图 12-59所示。

⭐ 08 点击"确定"按钮返回"属性"选项板，设置其"偏移量"为"3200"，如图 12-60所示。

图 12-59　【类型属性】对话框

图 12-60　"属性"选项板

⭐ 09 在CAD底图上点击拾取散流器的放置点，布置散流器的结果如图 12-61所示。

⭐ 10 在"HAVC"面板上点击"风管"按钮，绘制"宽度"为"400"及"高度"为"320"的风管，如图 12-62所示。

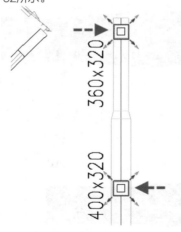

图 12-61　布置散流器

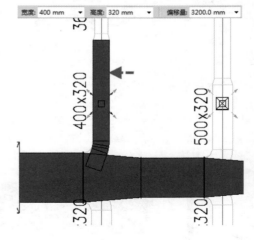

图 12-62　绘制宽度为 400 的风管

⭐ 11 选择绘制完成的风管，激活矩形夹点，在右键菜单中选择"绘制风管"选项，修改风管"宽度"为"360"，向上移动鼠标，绘制风管如图 12-63所示。

⭐ 12 重复操作，继续绘制支管与主风管相连，并在支管上布置散流器，如图 12-64所示。

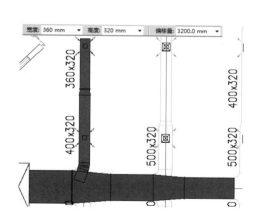

图 12-63　绘制宽度为 360 的风管

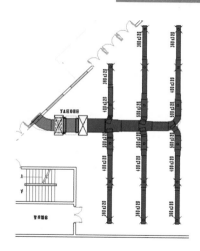

图 12-64　绘制支管

在绘制风管连接设备时，系统常常在软件界面的右下角调出警示对话框，提示由于各种原因导致所绘风管不正确。用户可尝试多种方式来绘制风管与设备相连。如可先绘制风管，再在风管上布置设备。或者先绘制一小段风管，再通过拖曳风管，使其与设备或者另一段风管相接。

按照本章所介绍的绘制方法，继续绘制其他区域的风管并布置暖通设备，绘制结果如图 12-65所示。

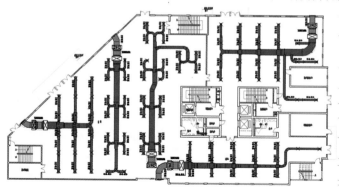

图 12-65　绘制结果

转换至三维视图，观察暖通系统的创建结果，如图 12-66所示。

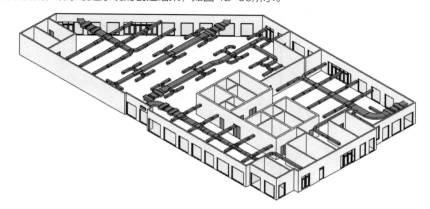

图 12-66　三维效果

AUTODESK
REVIT

第13章

给水排水案例

本章以工厂办公楼为例，介绍建筑给水排水系统的创建方法。

13.1 导入CAD图纸

通过将DWG格式的给排水平面图导入到Revit中，可以作为底图为绘制给排水案例提供参考，例如绘制给排水管道以及布置给排水设备。本节介绍导入CAD图纸的操作方法。

⭐ 01 打开"工厂办公楼-一层"模型文件，选择"插入"选项卡，点击"导入"面板上的"导入CAD"按钮，如图 13-1所示。

⭐ 02 在调出的【导入CAD格式】对话框中选择"一层消防给排水平面图.dwg"文件，在"导入单位"选项中选择"毫米"选项，设置"放置于"为"F1"，如图 13-2所示。

图 13-1　点击"导入 CAD"按钮

图 13-2　【导入 CAD 格式】对话框

⭐ 03 点击"修改"选项卡中的"对齐"按钮，点击建筑模型中的Ⓐ轴，接着点击CAD图纸中的Ⓐ轴，可将Ⓐ轴对齐并重合，接着依次点击建筑模型中的①轴、CAD图纸中的①轴，将建筑模型与CAD图纸对齐重合，如图 13-3所示。最后点击"锁定"按钮，将CAD图纸锁定。

⭐ 04 选择"视图"选项卡，点击"图形"面板上的"可见性/图形"按钮，如图 13-4所示。

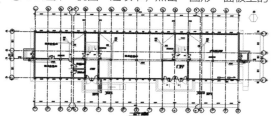

图 13-3　对齐操作

图 13-4　"视图"选项卡

⭐ 05 在【可见性/图形替换】对话框中选择"导入的类别"选项卡，取消选择"一层消防给排水平面图.dwg"选项，如图 13-5所示。

⭐ 06 点击"确定"按钮关闭对话框，完成隐藏CAD图纸的操作。

⭐ 07 在绘图区域中全选建筑模型图元，单击鼠标右键，在右键菜单中选择"在视图中隐藏|图元"选项，如图 13-6所示。

图 13-5　【可见性 / 图形替换】对话框

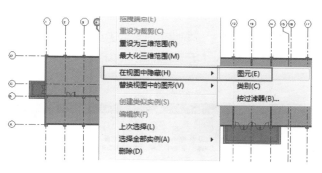

图 13-6　右键菜单

将建筑模型隐藏后，接着调出【可见性/图形替换】对话框，在"导入的类别"选项卡中重新选择"一层消防给排水平面图.dwg"选项，使其重新显示在绘图区域中。

⭐ 08 选择CAD图纸，在"修改|一层消防给排水平面图.dwg"选项卡中点击"查询"按钮，如图 13-7 所示。

⭐ 09 在CAD图纸上点击轴线，调出如所示的【导入实例查询】对话框，在其中显示关于轴线的信息，如"类型"、"名称"等，点击"在视图中隐藏"按钮，如图 13-8所示。

图 13-7 点击"查询"按钮

图 13-8 【导入实例查询】对话框

⭐ 10 接着点击"确定"按钮关闭对话框，可将轴线隐藏，结果如图 13-9所示。

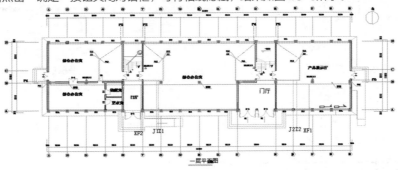
图 13-9 隐藏轴线

13.2 设置管道属性

给排水系统中包含各种类别的管道，例如给水管、排水管、废水管。在【类型属性】对话框通过复制来创建所需要的管道类型，然后为各种不同类型的管道设置颜色，以方便识别或编辑。

⭐ 01 选择"系统"选项卡，点击"卫浴和管道"面板上的"管道"按钮，如图 13-10所示。

⭐ 02 在"属性"选项板中显示默认的管道类型，在各选项组中显示管道参数，如图 13-11所示，点击其中的"编辑类型"按钮。

图 13-10 点击"管道"按钮

图 13-11 "属性"选项板

⭐ 03 调出【类型属性】对话框，点击"复制"按钮，在调出的【名称】对话框中设置管道名称，点击"确定"按钮，可以完成复制管道类型的操作，如图 13-12所示。

⭐ 04 点击"布管系统配置"选项后的"编辑"按钮，调出【布管系统配置】对话框。在"构件"列表中显示"无"，如图 13-13所示，表示当前项目文件中没有相应的水管构件。

图 13-12 设置管道名称

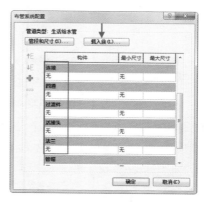

图 13-13 【布管系统配置】对话框

⭐ 05 点击"载入族"按钮，调出【载入族】对话框，选择水管管件，单击"打开"按钮，将选中的构件载入到当前项目文件中。

⭐ 06 点击"构件"选项，在列表中选择载入的构件，如图 13-14所示。

⭐ 07 此时在"最小尺寸"表列中显示"无"，假如点击"确定"按钮，则调出如图 13-15所示的提示对话框，提醒用户应为构件设置尺寸范围。

图 13-14 载入构件

图 13-15 提示对话框

⭐ 08 点击"关闭"按钮，返回【布管系统配置】对话框中设置"最小尺寸"参数，如图 13-16所示。

⭐ 09 点击"确定"按钮返回【类型属性】对话框。点击"复制"按钮，继续复制管道类型，并根据管道功能为管道设置名称，操作结果如图 13-17所示。

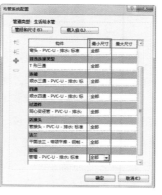

图 13-16 设置尺寸

图 13-17 复制管道类型

在"暖通案例"一章中介绍了为风管设置颜色的操作方法，请参考其中的介绍内容，为给排水管道设置颜色。

在【可见性/图形替换】对话框中选择"过滤器"选项卡，点击"添加"按钮，在【添加过滤器】对话框中点击"编辑/新建"按钮，进入【过滤器】对话框。

点击左下角的"新建"按钮，在【过滤器名称】对话框中设置过滤器名称，点击"确定"按钮返回【过滤器】对话框中设置参数。在"类别"列表中选择"管道"选项，在"过滤器规则"选项组下设置"过滤条件"参数，如图 13-18所示。

点击"确定"按钮返回【添加过滤器】对话框，选择过滤器，点击"确定"按钮，可完成添加过滤器的操作。在【可见性/图形替换】对话框中选择过滤器，点击"填充图案"单元格，调出【填充样式图形】对话框。

点击"颜色"选项，在【颜色】对话框中选择颜色类型，点击"确定"按钮关闭对话框完成设置。接着点击"填充图案"选项，在图案列表中选择"实体填充"类型图案，点击"确定"按钮，完成管道颜色的设置。

重复上述操作，为各类型管道设置不同的颜色及填充图案，如图 13-19所示。

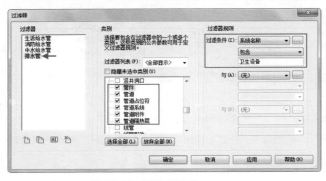

图 13-18　设置过滤条件

图 13-19　设置管道颜色

提示

管道颜色的设置仅对当前视图有效，在其他视图中失效，因此需要在各视图中设置管道的颜色。

13.3　绘制给水管道

给水排水系统包含多种类型的管道，如排水管、给水管等。CAD图纸上通常使用不同的颜色来代表不同类型的管道，将CAD图纸导入到Revit中作为底图为创建水系统做参照时，CAD底图上管道的颜色不会改变，仍然以各种颜色来显示。

但是Revit默认的绘制区域为白色，鲜艳的颜色可在白色背景中清晰地显示。但是长期在白色绘图区域辨认各种颜色的管道的走向及其连接信息，工作后，容易使绘图员产生视觉疲劳，眼花缭乱。

需要改变以上弊端，可以通过修改绘图区域背景颜色来实现。Revit可以自定义绘图区域颜色。点击软件界面左上角的"应用程序"按钮，在调出的列表中点击"选项"按钮，如图 13-20所示。

调出【选项】对话框，在左侧选择"图形"选项卡，如图 13-21所示。在"颜色"选项组下点击"背景"选项，在调出的【颜色】对话框中选择黑色，点击"确定"按钮关闭对话框，完成设置绘图区域颜色的操作。

图 13-20 点击"选项"按钮　　　　　　　　　　　图 13-21 设置"背景"颜色

⭐ 01 选择"系统"选项卡，点击"卫浴和管道"面板上的"管道"按钮，进入"修改|放置 管道"选项卡。在选项栏上点击"直径"选项，在弹出的列表中选择"50"mm，接着在"偏移量"选项中设置参数为"3000.0"mm。

⭐ 02 在"属性"选项板中选择"生活给水管"，在"系统类型"选项中选择"家用冷水"选项，如图13-22所示。

⭐ 03 在CAD图纸上找到"JL1"管道，在管道轮廓上单击鼠标左键，如图 13-23所示，指定管道的起点。

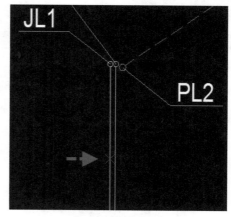

图 13-22 设置参数　　　　　　　　　　　　　图 13-23 指定起点

提示

"偏移量"中的参数值表示地面标高与管道中心线之间的间距。

⭐ 04 向上移动鼠标，可以同时预览管道的绘制结果，如图 13-24所示。在表示立管的圆形内点击圆心，指定管道的终点。

⭐ 05 此时未退出"管道"命令，在选项栏中修改"偏移量"为"0mm"，继续向上移动鼠标，单击鼠标左键，绘制一段管道，如图 13-25所示，按下两次<Esc>键，退出命令。

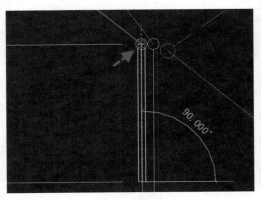

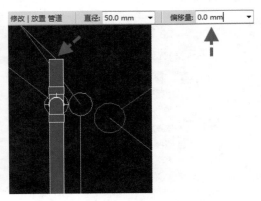

图 13-24　绘制管道　　　　　　　　　　　　图 13-25　绘制立管

⭐ 06 转换至三维视图，观察经上述操作后，管道的创建情况，如图 13-26所示。通过变换高程（即"偏移量"），可以生成一段立管，连接不同高程的管道。

⭐ 07 选择与立管相连的弯头以及水平管道，按下"DE"快捷键，将其删除，如图 13-27所示。

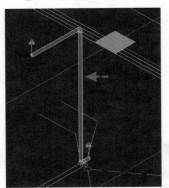

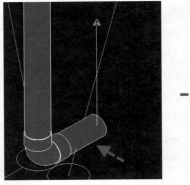

图 13-26　三维样式　　　　　　　　　　　　图 13-27　删除管道

⭐ 08 选择立管，激活立管端点，如图 13-28所示。

⭐ 09 按住鼠标左键不放，向下移动夹点，延长立管至CAD底图上的立管轮廓线中，如图 13-29所示。

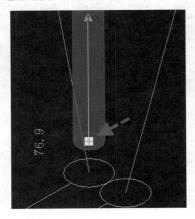

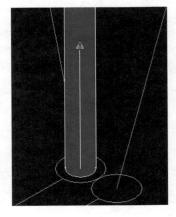

图 13-28　激活端点　　　　　　　　　　　　图 13-29　延长管道

⭐ 10 转换至平面视图，经上述操作后，管道的绘制结果如图 13-30所示。

⭐ 11 选择管道，激活管道夹点，单击鼠标右键，在菜单中选择"绘制管道"选项，如图 13-31所示。

⭐ 12 启用"绘制管道"命令后，向下移动鼠标，按照CAD底图上管道的走向来绘制管道。在转角处系统可自动生成弯头连接两段管道。

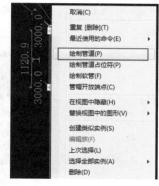

图 13-30　绘制结果　　　图 13-31　选择"绘制管道"选项

⭐ 13 接着重复04、05步骤，通过修改"偏移量"来生成立管，如图 13-32所示为绘制管道的结果。

⭐ 14 点击"管道"按钮，在选项栏中修改"偏移量"为"2800.0mm"，指定管道的起点，绘制管道与立管相接，如图 13-33所示。

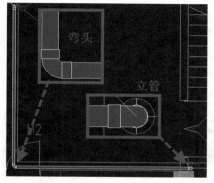

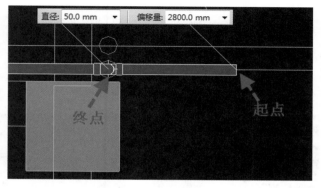

图 13-32　绘制管道　　　　　　　　　图 13-33　绘制管道连接立管

⭐ 15 转换至三维视图，观察通过立管连接两根管道的结果，如图 13-34所示。

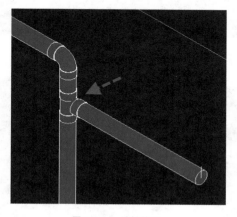

图 13-34　连接效果　　　　　　　　　图 13-35　提示对话框

提示

通过立管连接两根管道，两根管道的"偏移量"不能一致，否则会调出如图 13-35所示的提示对话框，提醒用户增加管段长度，以放置所需要的管件。

⭐ 16 选择管道，激活管道夹点，在右键菜单中选择"绘制管道"选项，继续绘制管道，结果如图 13-36 所示。

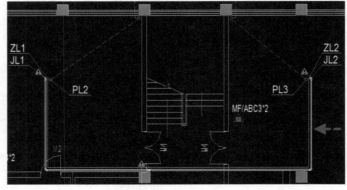

图 13-36　绘制管道

13.4　绘制中水管道

查看CAD底图，发现中水管道与给水管道相邻，可通过管道编号"ZL1"来识别，如图 13-37所示。中水管道的绘制方法与给水管道的绘制方法相同，在此不再赘述，管道的绘制结果如图 13-38所示。

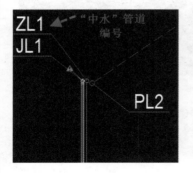

图 13-37　管道编号

图 13-38　"中水"管道

本节介绍绘制管道连接室内管道与室外管道的操作方法。在CAD底图上可以观察到，分别有室外给水管道、中水管道与室内的管道相连，如图 13-39所示。

绘制相连的管道，涉及管道的上下空间关系的表达，其操作步骤如下所述。

⭐ 01 转换至三维视图，观察需要连接室外管道的室内管道的三维样式，如图 13-40所示。"中水"管道与"给水"管道的标高同为2800mm，从管道上绘制支管会发生管道的相互交错问题，调整管道的标高可以解决这个问题。

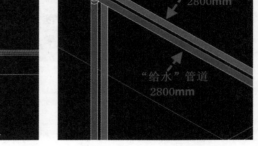

图 13-39　CAD 底图　　　　图 13-40　管道三维样式

✪ 02 选择"给水"管道，在"偏移量"选项中修改参数值为"2600.0mm"，管道根据所设置的参数自动调整高度，如图 13-41所示。

✪ 03 在项目浏览器中单击展开"族"，在"管件"列表中选择"顺水三通"管件，如图 13-42所示。

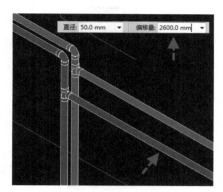

图 13-41 调整管道标高

图 13-42 选择三通

✪ 04 按住鼠标左键不放，将三通管件拖动到"中水"管道上，如图 13-43所示。

✪ 05 选择三通管件，点击下方的夹点，调出右键菜单，选择"绘制管道"选项，选项栏中的参数与"中水"管道参数一致，向下移动鼠标，绘制管道如图 13-44所示。

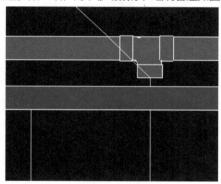

图 13-43 插入三通

图 13-44 绘制管道

✪ 06 在CAD底图中的立管轮廓线内单击鼠标左键，在选项栏中更改管道的"偏移量"为0，接着继续向下移动鼠标，绘制管道，并同时在变高程处生成立管，如图 13-45所示。

✪ 07 根据CAD底图上管道轮廓线所提供的位置参考，单击鼠标左键完成管道的绘制，按下两次<Esc>键退出命令，结果如图 13-46所示。

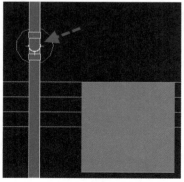

图 13-45 生成立管

图 13-46 绘制结果

⭐ 08 转换至三维视图，观察与三通管件相连的管道与立管的绘制结果，如图 13-47所示。

重复上述操作，在"给水"管道中放置三通管件，并通过激活三通管件端点来绘制管道。经变高程操作生成立管，绘制"给水"管道的结果如图 13-48所示。

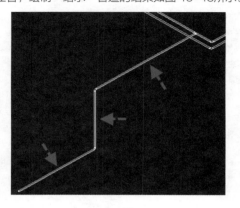 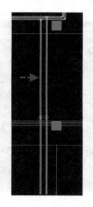

图 13-47　三维样式　　　　　　　　　　图 13-48　绘制"给水"管道

提示

为方便观察管道的三维样式，已将CAD底图临时隐藏。

13.5　绘制排水管道

在CAD底图上排水管的走向如图 13-49所示。用户可以稍微修改，使得管线的走向遵循横平竖直的规则。操作方法如下所述。

⭐ 01 选择"建筑"选项卡，点击"工作平面"面板上的"参照平面"按钮，如图 13-50所示。

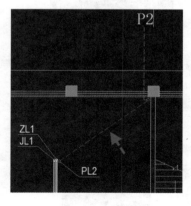

图 13-49　管道走向

图 13-50　点击"参照平面"按钮

提示

输入快捷键"RP"，可以启用"参照平面"命令。

⭐ 02 在绘图区域中分别指定起点与终点，依次绘制水平参照平面与垂直参照平面，如图 13-51所示。

⭐ 03 选择"系统"选项卡，单击"卫浴和管道"面板上的"管道"按钮，在选项栏中设置管道的"直径"与"偏移量",在"属性"选项板中选择"排水管",在"系统类型"选项中选择"卫生设备"选项,如图 13-52所示。

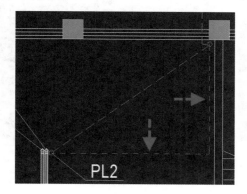

图 13-51 绘制参照平面

图 13-52 设置参数

提示

输入快捷键"PI",启用"管线"命令。

⭐ 04 在水平参照平面上指定管道的起点,向右移动鼠标,在底图立管轮廓线内改变高程,生成立管,然后删除多余的管道及弯头,完成立管以及管道的绘制,如图 13-53所示。

⭐ 05 管道在转折处可自动生成弯头。在柱子一侧生成立管后,保持"偏移量"为0不变,向左移动鼠标,根据底图上管线的走向来绘制管道,如图 13-54所示。

图 13-53 绘制管道

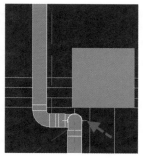

图 13-54 绘制结果

⭐ 06 综上所述,排水管道的绘制结果如图 13-55所示。

⭐ 07 转换至三维视图,观察管道的三维样式,结果如图 13-56所示。

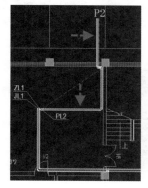

图 13-55 绘制排水管道

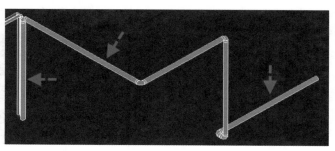

图 13-56 三维效果

重复上述的操作，绘制右侧的排水管道，结果如图 13-57所示。

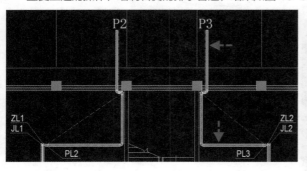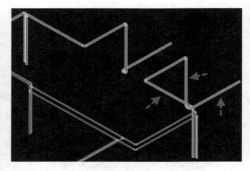

图 13-57　绘制右侧排水管道

13.6　绘制消防管道

消防管道的绘制方法与给水管道、排水管道相同，依次绘制立管与管道连接。布置室内消火栓箱后，还需要绘制管道与消防管道相连。本节介绍绘制消防管道及布置消火栓箱的操作方法。

13.6.1　绘制管道

⭐ 01 点击"管道"按钮，在选项栏中设置"直径"为"100.0mm"，"偏移量"为"3000.0mm"，接着在"属性"选项板中选择"消防给水管"，选择"系统类型"为"其他消防系统"，如图 13-58所示。

⭐ 02 按照CAD底图所显示的消防管线位置，依次点选指定管线的起点与终点，期间通过变换高程生成立管，如图 13-59所示。

图 13-58　设置参数

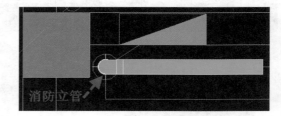

图 13-59　绘制管道

⭐ 03 重复操作，绘制另一侧的消防管道及立管，如图 13-60所示。

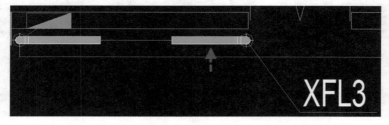

图 13-60　绘制管道

⭐ 04 选择左侧管道，激活端点的夹点，按住鼠标左键不放，向右移动鼠标，在另一管道的端点单击鼠标左键，如图 13-61所示。

图 13-61　激活端点

⭐ 05 两段管道被连接成一段管道，如图 13-62所示。

⭐ 06 转换至三维视图，观察管道的连接效果，如图 13-63所示。

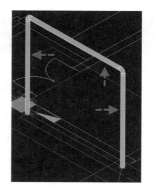

图 13-62　连接管段

图 13-63　三维样式

13.6.2　布置消火栓

⭐ 01 在"机械"面板上点击"机械设备"按钮，如图 13-64所示。

⭐ 02 在"属性"选项板中选择"室内消火栓"设备，如图 13-65所示。

图 13-64　点击"机械设备"按钮

图 13-65　"属性"选项板

提示

输入ME快捷键，可启用"机械设备"命令。

⭐ 03 在"修改|放置机械设备"选项卡中显示"放置"方式，默认选择"放置在垂直面上"，如图 13-66所示。

⭐ 04 由于建筑模型已被隐藏，在绘图区域中点击指定消火栓的放置点时，在界面右下角显示如图 13-67 所示的提示对话框，提示"找不到主体来放置消火栓"。

图 13-66　"修改 | 放置机械设备"选项卡

图 13-67　提示对话框

⭐ 05 按下两次<Esc>键退出"机械设备"命令。输入"WA"快捷键，启用"墙"命令，在放置消火栓的位置绘制任意一道墙，如图 13-68所示。

⭐ 06 此时调出如图 13-69所示的提示对话框，提示在相同位置上已有一道墙体，点击"关闭"按钮将其关闭。

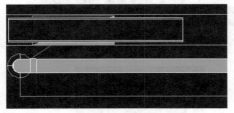

图 13-68　绘制墙体

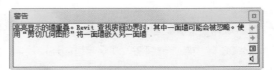

图 13-69　提示对话框

⭐ 07 再次启用"机械设备"命令，拾取墙体为主体，放置消火栓。接着选择墙体，将其删除，布置设备的结果如图 13-70所示。

⭐ 08 选择消火栓，在"属性"选项板上点击"编辑类型"按钮，调出【类型属性】对话框。在"公称直径"选项中修改"直径"为"100.0mm"，如图 13-71所示。

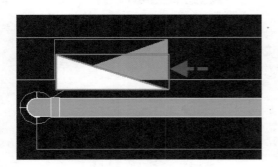

图 13-70　布置设备

图 13-71　【类型属性】对话框

⭐ 09 点击"确定"按钮关闭对话框，在消火栓管道接口一侧显示进水管之间为100.0mm，如图 13-72所示。

⭐ 10 选择消火栓，点击"翻转工作面"按钮，翻转消火栓的面，结果如图 13-73所示。

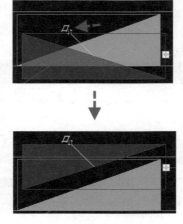

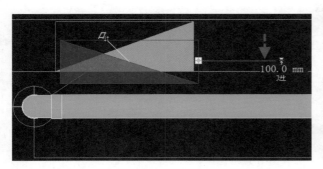

图 13-72　修改直径

图 13-73　翻转工作面

⭐ 11 在消火栓进水口上单击鼠标右键，在右键菜单中选择"绘制管道"选项，如图 13-74所示。

⭐ 12 在选项栏中设置"直径"为"100.0mm"，"偏移量"为"1100.0mm"，向右移动鼠标点选指定管道的终点，接着向下移动鼠标，在水平管道上单击鼠标左键，系统自动生成三通管件以连接管道，如图 13-75所示。

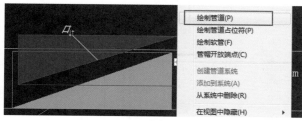

图 13-74 选择"绘制管道"选项

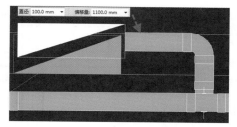

图 13-75 绘制管道

⭐ 13 转换至三维视图，观察消火栓及其管道的布置情况，如图 13-76所示。

⭐ 14 转换至F1视图，启用"管道"命令，设置"偏移量"为"2700.0mm"，绘制如图 13-77所示的消防管道。接着在管道的端点激活夹点，向右移动鼠标，继续绘制水平管道。

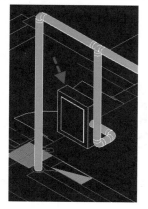

图 13-76 三维视图

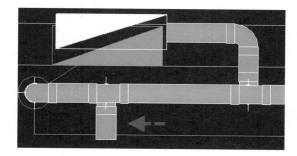

图 13-77 绘制管道

重复上述操作，继续在绘图区域中绘制消防立管及管道，并通过绘制临时墙体来完成消火栓的布置，在绘制完成管道后，可转换至三维视图，观察管道的绘制结果。

按照本章所介绍的绘制方法，以CAD底图为参照，完成给排水系统管道的绘制结果如图 13-78所示。

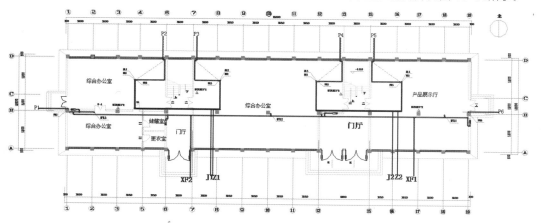

图 13-78 水系统管道

选择CAD底图，单击鼠标右键，在菜单中选择"在视图中隐藏|图元"选项，将底图隐藏，给排水系统管道平面图如图 13-79所示。

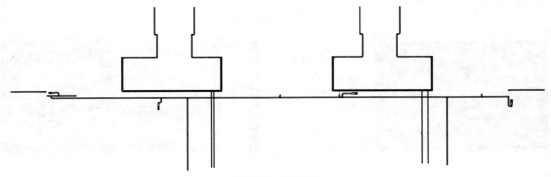

图 13-79 二维样式

转换至三维视图，查看管道的三维样式，结果如图 13-80所示。

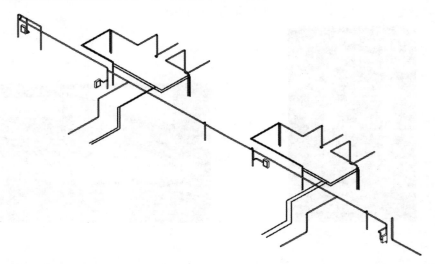

图 13-80 三维样式

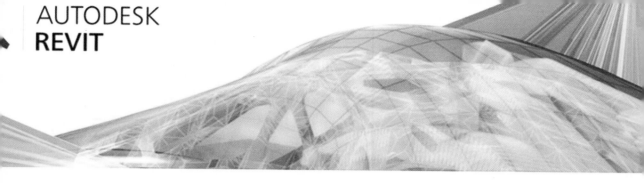

AUTODESK
REVIT

第14章

电气案例

本章以办公楼为例，介绍建筑电气系统的创建方法。

14.1 绘制照明平面图

在Revit中绘制照明布置图，可以将CAD图纸链接进来，以CAD图纸作为底图，布置电气设备，方便定位设备的位置。通过控制"图形可见性"，可以隐藏CAD图纸上的某些图形，防止在绘图过程中产生干扰。

14.1.1 链接CAD图纸

⭐ 01 选择"插入"选项卡，点击"链接"面板上的"链接CAD"命令按钮，如图 14-1所示。

⭐ 02 在【链接CAD格式】对话框中选择"一层照明平面图"，在"导入单位"选项中选择"毫米"，设置"定位"方式为"自动-原点到原点"，如图 14-2所示，点击"打开"按钮，将图纸链接到Revit中。

图 14-1 点击"链接 CAD"按钮

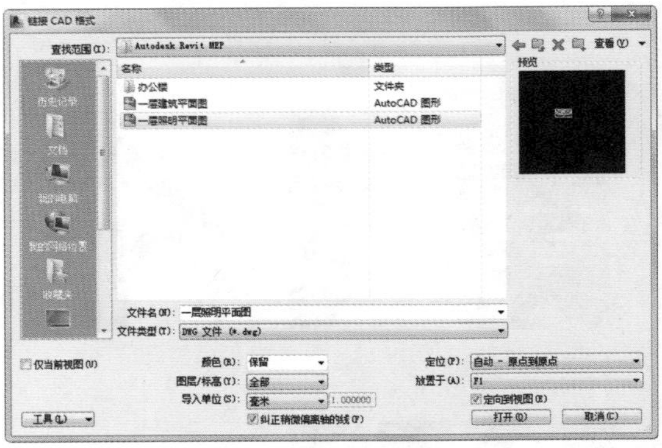

图 14-2 【链接 CAD 格式】对话框

CAD电气图纸包含多种图形，为了方便区分各类图元，在绘制的过程中使用多种颜色来绘制图元。Revit的绘图区域背景默认为白色，将CAD图纸链接进来后，各图元的颜色保持不变。在白色背景下呈现包含多种颜色的图元难免使人产生眼花缭乱的感觉，并且容易干扰读图。

此时可以将绘图区域的背景更改为黑色，在黑色背景下可以鲜明的显示各颜色的图元。修改绘图区域背景颜色的操作方法请参考"给水排水案例"一章的介绍。

⭐ 03 CAD图纸被链接进来后，需要将其与建筑模型重合才可作为底图发挥参考作用。选择CAD图纸，在"修改"选项卡中点击"修改"面板上的"对齐"命令按钮，将其与建筑模型对齐，结果如图 14-3所示。

CAD图纸与建筑模型对齐后，应将其锁定，以免在布置电气设备的过程中移动其中的个别图形，产生混淆。

⭐ 04 选择CAD图纸，点击"修改"面板上的"锁定"命令按钮，如图 14-4所示，可将图纸锁定。锁定图纸后，"锁定"按钮暗显，"解锁"按钮亮显，点击该按钮，可解锁CAD图纸。

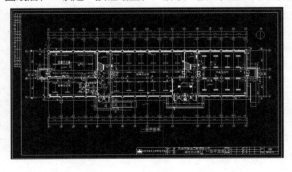

图 14-3 对齐图纸

图 14-4 点击"锁定"按钮

提示

在黑色绘图背景下，尺寸标注、轴网、照明设备等图形显示清晰，建筑模型颜色在白色绘图背景下显示为黑色，在黑色背景下则显示为白色。

单击"属性"选项板中的"可见性/图形替换"选项后的"编辑"按钮，调出【可见性/图形替换】对话框。选择"导入的类别"选项卡，在其中显示从外部导入或链接进来的CAD图纸。点选展开图纸，可以显示图纸中所包含的图层名称，如图 14-5所示。选择图层，位于图层上的图形被显示在绘图区域中。取消选择，图形将被隐藏。

选中CAD图纸后，在"修改|一层照明平面图"选项卡中单击"查询"命令按钮，如图 14-6所示。在绘图区域中单击需要查询的图形，调出【导入实例查询】对话框。

图 14-5　【可见性 / 图形替换】对话框

图 14-6　点击"查询"按钮

在对话框中显示了被选中图形的属性参数，例如块名称、图层/标高名称等，如图 14-7所示，点击"在视图中隐藏"按钮，可以隐藏选中的图形。

图 14-7　【导入实例查询】对话框

⭐ 05 在对CAD图纸中的一些图形执行隐藏操作后，仅保留照明设备供参考，图形清理的结果如图 14-8所示。

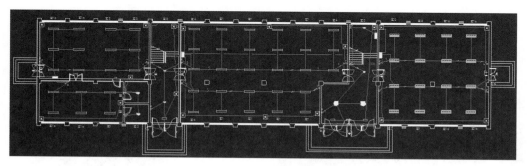

图 14-8　图形清理

14.1.2 布置设备

因为CAD图纸已经被锁定，因此当鼠标在CAD图形上点击时不会对图形造成影响，用户可以通过CAD图纸所提供的参考来轻松确定灯具模型的放置点。CAD灯具图形为青色显示，Revit灯具模型为白色显示。放置灯具模型后，CAD灯具图形被白色的Revit模型覆盖。

⭐ 01 选择"系统"选项卡，点击"电气"面板上的"照明设备"命令按钮，在"属性"选项板中选择照明设备，在"放置"面板上点击"放置在面上"命令按钮，以CAD图纸里的灯具设备为参照，在设备图形上单击鼠标左键以指定灯具设备模型的放置点，布置灯具的结果如图 14-9所示。

⭐ 02 参考前面所介绍的隐藏图形的方式，将CAD灯具图形及导线图形隐藏，此时可以清晰地显示Revit灯具模型，如图 14-10所示。

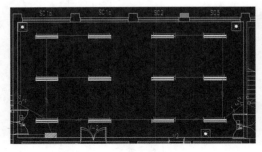 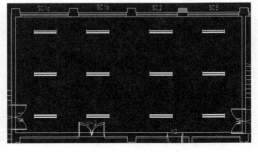

图 14-9　布置灯具设备　　　　　　　　　　　图 14-10　隐藏图形

⭐ 03 参考布置照明设备的方式，分别在绘图区域中布置开关设备以及配电盘，如图 14-11所示。

⭐ 04 点击"电气"面板上的"导线"命令按钮，绘制导线，连接照明设备、开关设备以及配电盘，如图 14-12所示。

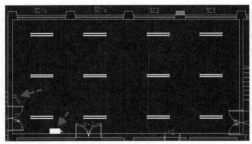 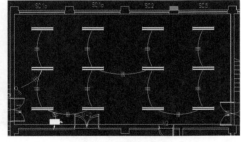

图 14-11　布置设备　　　　　　　　　　　　　图 14-12　绘制导线

⭐ 05 在创建电力系统时，系统会自动识别距离照明设备最近的配电盘，并绘制导线连接设备。以如图 14-13所示中的配电盘为例，系统绘制导线，将其与附近的照明设备相互连接，连接配电盘与照明设备的导线为红色箭头所指的导线。

⭐ 06 在右侧的门厅中，"L-3配电盘"为该区域中的照明设备独立供电，如图 14-14所示，在创建电力系统时，需要手动定义配电盘，以免配电盘自动识别其他的配电盘，将导线连接到被识别的配电盘上去。

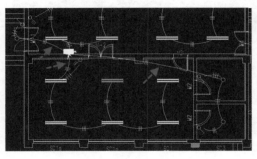 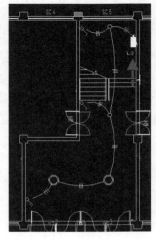

图 14-13　连接配电盘　　　　　　　　　　　　图 14-14　独立供电

⭐ 07 其他区域照明平面布置图的绘制方法相同，请参考本节前面内容自行绘制，绘制结果如图 14-15所示。

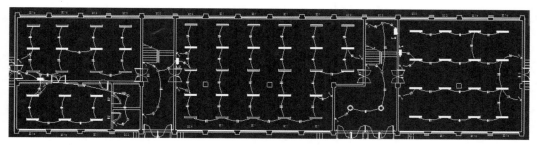

图 14-15　照明布置图

14.2　弱电系统

弱电系统是智能化综合管理系统，集计算机网络、通信、声像处理、数据处理、自动控制于一体。使用Revit开展弱电设计，可以参考照明系统的设计方式。本节以火灾自动报警系统为例，介绍在办公楼一层中开展弱电设计的操作方式。

14.2.1　布置设备

在办公楼一层的侧门入口处、门厅布置了火灾报警按钮，报警按钮距离地面1200mm处安装，在"属性"选项板中更改"立面"选项参数，定义立面安装高度。

火灾设备的布置方式与照明设备的布置方式相同，假如项目文件中未载入火灾构件族，系统会调出提示对话框，提醒用户需要调入火灾构件族。

与绘制照明平面布置图不同，绘制火灾系统图所需构件较少，因此可以不必导入CAD图纸。但是也要依照用户的个人习惯，如果觉得需要，也可链接CAD图纸作为参考。

⭐ 01 在"电气"面板中点击"设备"命令按钮，在列表中选择"火警"选项，如图 14-16所示。在"属性"选项板中选择"手动报警按钮"，如图 14-17所示。

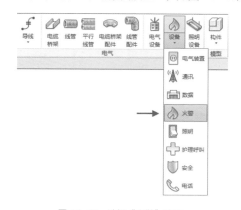

图 14-16　选择"火警"选项

图 14-17　"属性"选项板

⭐ 02 在"修改|放置 火警"选项卡中点击"放置"面板上的"放置在垂直面上"命令按钮，如图 14-18所示。将光标置于墙体处，单击鼠标左键，指定报警按钮的放置点，布置构件的结果如图 14-19所示。

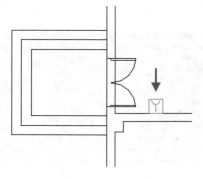

图 14-18　"放置"面板　　　　　　　　　　　　图 14-19　布置构件

⭐ 03 移动鼠标，陆续单击鼠标左键，完成一层火灾报警按钮的布置，如图 14-20所示。

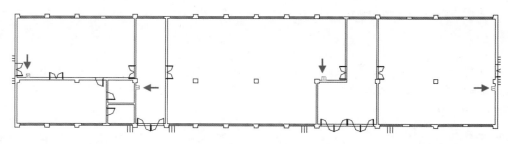

图 14-20　布置火灾报警按钮

14.2.2　创建火灾系统

创建火灾系统与创建电力系统相同。在选择火灾构件后，可以开始创建火灾系统的操作。

⭐ 01 选择绘图区域中的火灾报警按钮，点击"修改|火警设备"选项卡中的"火警"命令按钮，如图 14-21所示。进入"修改|电路"选项卡。

图 14-21　点击"火警"按钮

⭐ 02 在绘图区域中使用蓝色的矩形虚线框框选火警系统，并可预览导线的连接，如图 14-22所示，点击斜线段所指向的导线按钮，可将导线转换为永久性导线。

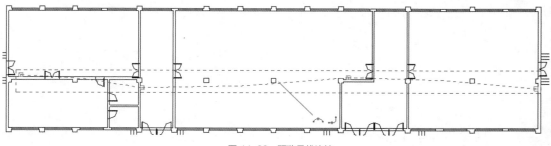

图 14-22　预览导线连接

⭐ 03 点击导线按钮，退出"修改|电路"选项卡，导线连接火灾报警按钮的结果如图 14-23所示。

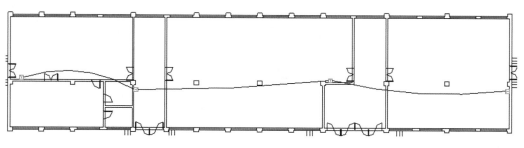

图 14-23　连接导线

选择导线，显示的蓝色圆圈为导线的顶点，如图 14-24所示，点选激活顶点，移动鼠标，通过调整顶点的位置改变导线的形状。

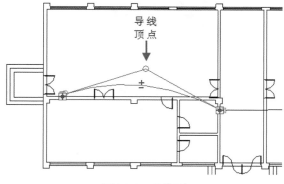

图 14-24　导线顶点

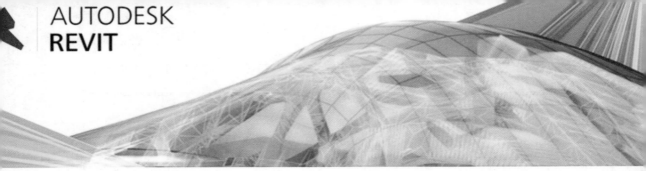

AUTODESK
REVIT

第15章

碰撞检查与工程量统计的操作方法

Revit中的"协作"选项卡提供了"碰撞检查"工具，通过启用该工具，可以对水暖电模型进行管线综合检查，找出并调整有碰撞的管线。可快速准确地搜寻项目中图元之间或主体项目与链接模型的图元之间的碰撞问题并将之解决。通过创建明细表可以统计工程量，在明细表中修改参数，可将修改结果反映到项目文件中。

本章介绍碰撞检查以及工程量统计的操作方法。

15.1 碰撞检查

首先对"碰撞检查"工具有一定的了解后，再使用该工具对项目开展碰撞检查工作，本节介绍该工具的使用方法。

15.1.1 选择图元

在绘图区域中选择项目中需要开展碰撞检查的图元，如图 15-1所示。选择"协作"选项卡，点击"坐标"面板上的"碰撞检查"按钮右侧的向下实心箭头，在列表中选择"运行碰撞检查"选项，如图 15-2所示。

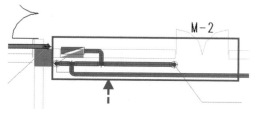

图 15-1　选择图元

图 15-2　选择"运行碰撞检查"选项

接着调出【碰撞检查】对话框，在列表中显示所选图元的名称，如图 15-3所示，点击"确定"按钮，开始碰撞检查。先选择图元后再启用"碰撞检查"命令的特点是仅对选中的图元开展碰撞检查工作。

图 15-3　显示所选图元的名称

图 15-4　显示所有图元

15.1.2 开展碰撞检查

在未选择任何图元的情况下启用"碰撞检查"工具，在调出【碰撞检查】对话框中显示当前项目中的所有类别，如图 15-4所示。

1. "类别来自"列表

【碰撞检查】对话框中的左、右两侧显示有"类别来自"列表。在左侧的"类别列表"中选择图元类别的值，可以是"当前项目"，或者是"当前选择"，也可以是链接的Revit模型。

可以开展碰撞检查的图元类别如下所述。

⭐ "当前选择"与"链接模型（包括嵌套链接模型）"之间的碰撞检查。

⭐ "当前项目"与"链接模型（包括嵌套链接模型）"之间的碰撞检查。

⭐ 需要注意的是，两个"链接模型"之间无法开展碰撞检查。

2. 选择图元

在【碰撞检查】对话框中的"类别来自"列表中分别选择图元类别，以开展碰撞检查工作。如在左侧的"类别来自"选项中选择"当前项目"值，在列表中选择图元"风管"及"风管附件"。

接着在右侧的"类别来自"选项中同样选择"当前项目"选项，表示在当前项目文件内开展碰撞检查工作。在类别中选择图元"管件"和"管道"，如图 15-5所示，表示与同一项目中的"风管"及"风管附件"执行碰撞检查操作。

也可指定不同的类别来进行碰撞检查工作。在左侧"类别来自"选项中选择"当前选择"值，在右侧的"类别来自"选项中选择"当前项目"值，并在列表中选择图元，如图 15-6所示，点击"确定"按钮开始执行检查操作。

图 15-5　相同的类别

图 15-6　不同的类别

15.1.3　冲突报告

碰撞检查有两种结果，一种结果是调出如图 15-7所示的提示对话框，显示当前所选的图元未检测到冲突。另一种是调出【冲突报告】对话框，在其中显示相互冲突的图元。

在图 15-8所示的【冲突报告】对话框中，显示发生冲突的图元类别。点击图元类别名称，展开列表，在其中显示图元的冲突情况，如图 15-9所示。

图 15-7　提示对话框

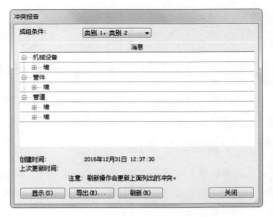
图 15-8　【冲突报告】对话框

点击"显示"按钮，在绘图区域中会高亮显示产生冲突的图元，如图 15-10所示。点击"刷新"按钮，刷新显示列表中信息的提示。

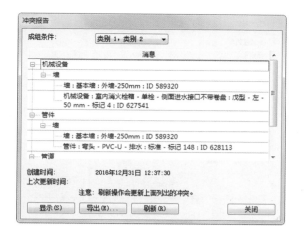

图 15-9　报告信息

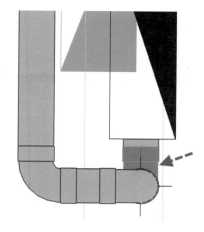

图 15-10　高亮显示图元

点击"导出"按钮，调出【将冲突报告导出为文件】对话框，如图 15-11所示，设置文件名称及保存路径，可将冲突报告输出为"HTML"格式的文件。

在"碰撞检查"列表中选择"显示上一个报告"选项，如图 15-12所示，可调出【冲突报告】对话框，显示上一次碰撞检查的结果。

图 15-11　【将冲突报告导出为文件】对话框

图 15-12　选择"显示上一个报告"选项

15.2　工程量统计

在Revit中通过创建各种类型的明细表，可以达到统计指定类型工程量的目的。在项目文件中创建明细表，可以获取各种类型的项目信息，本节介绍创建明细表的操作方法。

15.2.1　创建明细表

选择"视图"选项卡，点击"创建"面板上的"明细表"按钮，在列表中选择"明细表/数量"选项，如图 15-13所示，调出【新建明细表】对话框。

在"过滤器列表"选项中取消选择其他规程，仅选择"管道"选项，即可在"类别"列表中显示与管道相关的图元。在列表中选择"管道"，则"名称"选项中显示默认名称"管道明细表"，如图 15-14所示。

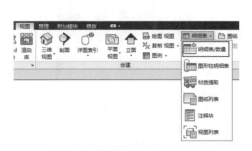

图 15-13　选择"明细表 / 数量"选项　　　　　　　图 15-14　【新建明细表】对话框

　　点击"确定"按钮，打开【明细表属性】对话框，如图 15-15所示。在"可用的字段"列表中选择其中一个字段，点击中间的"添加"按钮，可将选中的字段添加至"明细表字段"列表中。

　　明细表中包含的表列数目与字段个数相关，例如在"明细表字段"列表中添加了五个字段，则所生成的明细表包含五个表列，表列的名称即字段。

　　在"明细表字段"中选择字段，点击"删除"按钮，可将字段删除。点击"上移"或"下移"按钮，可以调整字段在"明细表字段"列表中的位置，同时也可控制与该字段相对应的表列在明细表中的位置。

　　字段从上至下的排列，即是与其对应的表列在明细表中的排列。

　　点击"排序/成组"选项卡，如图 15-16所示，在"排序"方式选项中选择"直径"选项，并勾选"升序"选项，则在明细表中按照管道直径的不同，从小至大升序排列。

图 15-15　添加字段　　　　　　　　　　　图 15-16　"排序 / 成组"选项卡

　　选择"逐项列举每个实例"选项，在明细表中显示项目中各管道的属性参数。取消选择，则相同属性的管道仅在一个表行中显示。

　　选择"外观"选项卡，在其中控制明细表的外观显示。勾选"轮廓"选项，在列表中选择线型样式，例如选择"中粗线"。取消选择"数据前的空行"选项，则在数据表行前取消显示空白表行。

　　"标题文本""标题""正文"的字体及其字高可以自定义，也可沿用默认值"明细表默认"，如图15-17所示。

　　点击"确定"按钮，可以转换至明细表视图，查看创建的管道明细表，如图 15-18所示。

图 15-17　"外观"选项卡

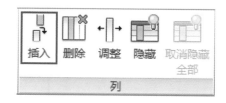

图 15-18　管道明细表

15.2.2　编辑明细表

在明细表视图中可以编辑明细表的显示效果，例如表列、表行、标题等的样式与内容，本节介绍编辑明细表的操作方法。

1.　编辑列

● 插入列

在明细表中选择表列，如图 15-19所示。然后点击"列"面板上的"插入"按钮，如图 15-20所示，同时调出【选择字段】对话框。

图 15-19　选择表列

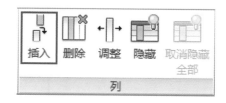

图 15-20　点击"插入"按钮

在对话框中添加指定的字段，如"系统分类"，如图 15-21所示。点击"确定"按钮关闭对话框，则所选的字段添加至明细表中，并为新表列命名，如图 15-22所示。

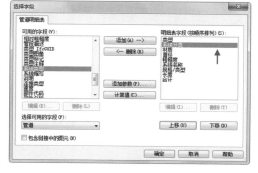

图 15-21　【选择字段】对话框

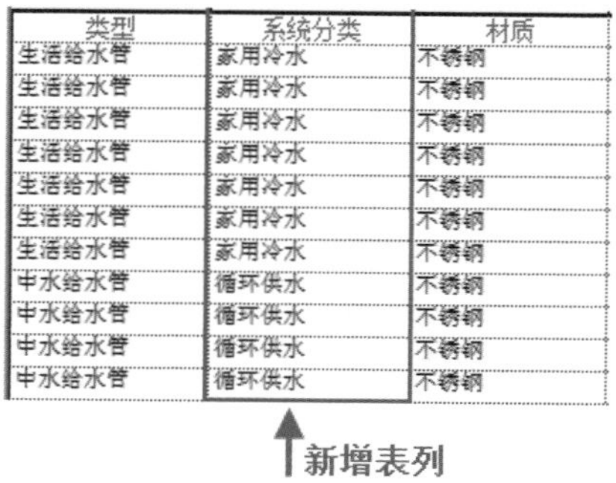

图 15-22　新增表列

● 调整列宽

选择表列，点击"列"面板上的"调整"按钮，调出【调整柱尺寸】对话框，显示选中表列的当前宽度，如图 15-23所示。在"尺寸"选项中输入尺寸参数，点击"确定"按钮，可按照所设定的值调整列宽，如图 15-24所示。

 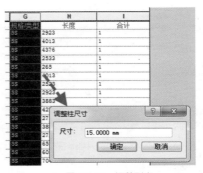

图 15-23 【调整柱尺寸】对话框 　　　　　　图 15-24 调整列宽

选择表列，点击"删除"按钮，可将其删除。点击"隐藏"按钮，隐藏选中的表列。通过点击"取消隐藏全部"按钮，可撤销隐藏，恢复表列的显示。

"行"面板上的工具可以用来编辑表行，请参考编辑表列的操作方法，用户可自行尝试编辑表行的操作。

2. 编辑标题

● 添加背景颜色

在标题单元格中单击鼠标左键，激活"外观"面板上的工具，如图 15-25所示。点击"着色"按钮，调出如图 15-26所示的【颜色】对话框，选择颜色，点击"确定"按钮关闭对话框。可以为标题栏单元格添加背景颜色，如图 15-27所示。

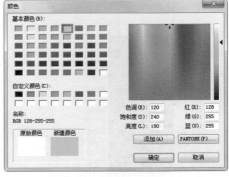

图 15-26 【颜色】对话框

图 15-25 "外观"面板

图 15-27 添加背景颜色

● 编辑边框

点击"边界"按钮，在【编辑边框】对话框中的"线样式"列表中选择选项，如图 15-28所示，点击"确定"按钮，可更改标题栏单元格的样式。

● 编辑字体

点击"字体"选项，调出如图 15-29所示的【编辑字体】对话框。点击"字体"选项，在列表中显示字体样式，选择样式后，在"字体大小"选项中输入参数值，指定字体的大小。在"字体样式"选项组中选择选项，控制字体的显示样式。点击"字体颜色"选项中的色块，调出【颜色】对话框，在其中设置字体的颜色。

图 15-28　【编辑边框】对话框

图 15-29　【编辑字体】对话框

● **对齐样式**

点击"对齐水平"按钮，在列表中显示三种对齐方式，分别是"左""中心""右"，如图 15-30所示。选择其中的一项，以更改标题文字的水平对齐样式。

点击"对齐垂直"按钮，在列表中显示"顶部""中部""底部"三种对齐样式，如图 15-31所示。通过选择其中的选项，可以控制标题文字的垂直对齐样式。

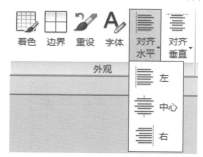

图 15-30　"水平对齐"列表

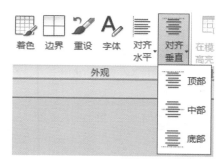

图 15-31　"垂直对齐"列表

3. "属性"选项板

明细表视图中的"属性"选项板如图 15-32所示，通过修改其中的选项参数，也可实现编辑明细表的目的。

"视图名称"选项显示明细表的名称，如"管道明细表"即为明细表名称。修改"名称"选项参数为"管道明细表-1"，点击"应用"按钮，修改结果可在明细表上反映，如图 15-33所示。

图 15-32　"属性"选项板

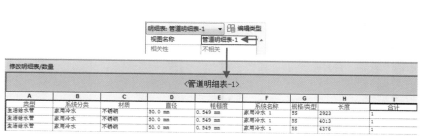

图 15-33　修改名称

● 字段

点击"字段"选项后的"编辑"按钮，调出【明细表属性】对话框。在"明细表字段"列表中选择字段，点击中间的"删除"按钮，如图15-34所示，可将选中的字段从列表中删除。

点击"确定"按钮返回明细表视图。由于字段与表列相对应，删除字段即是删除表列，因此被删除表列后的明细表如图15-35所示。

图15-34 【明细表属性】对话框

图15-35 删除表列

● 过滤器

点击"过滤器"选项后的"编辑"按钮，调出【明细表属性】对话框。在"过滤器"选项卡中设置"过滤条件"，选择"系统分类"为"家用冷水"，如图15-36所示，点击"确定"按钮关闭对话框完成设置操作。

返回明细表视图，属于"家用冷水"系统的管道显示在视图中，如图15-37所示。其他不属于"家用冷水"系统的管道被排除在外，隐藏显示。

图15-36 设置过滤条件

图15-37 过滤显示

● 排序/成组

点击"排序/成组"选项后的"编辑"按钮，调出【明细表属性】对话框。在"排序/成组"选项卡中设置"排序方式"为"长度"，选择"升序"选项，如图15-38所示。

点击"确定"按钮返回明细表视图，管道的排序方式以从小至大的升序方式排列，如图15-39所示。

图15-38 设置排序条件

图15-39 升序排列

● 格式

点击"格式"选项后的"编辑"按钮，调出【明细表属性】对话框。在"字段"列表中选择"系统分类"字段，在右侧的"对齐"选项中选择其对齐方式为"中心线"，如图15-40所示。

点击"确定"按钮返回视图，"系统分类"表列的对齐方式为居中对齐，如图15-41所示。可重复上述操作，更改其他表列的对齐方式。

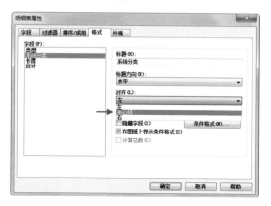

图15-40 设置对齐方式

图15-41 居中对齐

● 外观

点击"外观"选项后的"编辑"按钮，在【明细表属性】对话框中的"外观"选项卡中设置"文字"属性。修改"正文"的字体与字号，如图15-42所示。

点击"确定"按钮关闭对话框，与图15-41中的明细表相比，图15-43中的明细表正文文字字号较大，显示也较为清晰。用户还可根据需要，在"外观"选项卡中设置字体的样式参数，以控制器显示效果。

图15-42 "外观"选项卡

图15-43 更改字体样式

第16章

MEP技巧提示

在Revit中开展管线综合设计工作时，通常会遇到各种各样的难题。本章将列举常见的问题及其解决

方法，希望能帮助用户解决在开展MEP设计工作时遇到问题。

16.1 创建管线后，为什么在平面视图中不可见

在绘制管线，例如绘制风管后，在平面视图中不可见，而且在绘图区域的右下角还会调出如图 16-1所示的提示对话框，提醒用户检查可见性设置或其他选项的设置情况。

在平面视图中所创建的管线不可见，应该检查该视图中相对应管线类型的可见性设置以及视图范围的设置情况。

在平面视图中选择"视图"选项卡，点击"图形"面板上的"可见性/图形"按钮，调出【可见性/图形替换】对话框。选择"模型类别"选项卡，在"可见性"列表中确认选择对应类型的管线。如设置风管的可见性，就需要选择"风管"及"风管管件"等选项，如图 16-2所示。点击"确定"按钮关闭对话框，完成管线可见性的设置。

图 16-1　提示对话框　　　　　　　　　　　　　图 16-2　设置管线可见性

通常在设置了可见性后，管线还是不可见，此时就需要检查视图的"视图范围"的设置情况。在视图"属性"选项板中点击"视图范围"选项后的"编辑"按钮，如图 16-3所示。

调出【视图范围】对话框，在其中显示"顶"与"剖切面"的"偏移量"值的设置情况，如图 16-4所示。

图 16-3　"属性"选项板　　　　　　　　　　　图 16-4　【视图范围】对话框

在绘制管线时需要在选项栏中设置管线的"偏移量"值，如图 16-5所示。假如管线的"偏移量"为"3200.00mm"，但是【视图范围】对话框中的"顶"的"偏移量"仅为"2300.00mm"，就表示所绘制的管线在视图范围之外，因此管线不可见。

解决方法就是修改"顶"的"偏移量"值，使其大于管线的"偏移量"值。例如需要绘制高度为"3200.00mm"的管线，可将"顶"的"偏移量"设置为"5000.00mm"，修改"剖切面"的偏移量为"3200.00mm"，如图 16-6所示。使得　　所绘的管线被剖切到，以使其在平面视图中可见。

图 16-5　管线的"偏移量"值　　　　　　　　　图 16-6　修改参数

16.2 创建立管的方法

在Revit中绘制给水排水设计图时，常常需要绘制立管与水平管线相接。通过变换管线的高程，可以快速地创建立管。

启用"管道"命令后，在选项栏中设置管道的"偏移量"值，如图 16-7所示。在平面视图中点击指定管道的起点，向上移动鼠标，单击鼠标左键（该点为立管的位置），如图 16-8所示。此时不退出放置管道的状态，在选项栏中修改"偏移量"为0。

图 16-7 设置"偏移量"

图 16-8 指定立管位置

变换高程后，继续向上移动鼠标，单击鼠标左键，指定管道的终点，在变换高程成可生成立管，如图 16-9所示。转换至三维视图，观察通过上述操作后，已经创建了水平管线与立管，其中连接管线的构件为弯头，如图 16-10所示。

图 16-9 变换高程

图 16-10 三维视图

需注意的是，平行管线、弯头、立管是相互独立的部分，如图 16-11所示。选择平行管线与弯头，输入"DE"快捷键，将其删除，可得到立管，如图 16-12所示。

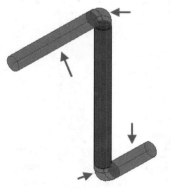

图 16-11 选择管线与构件

图 16-12 创建立管

16.3 设置风管尺寸标注的样式

启用"按类别标记"命令对风管执行尺寸标注后，果系统默认标注结带单位符号"mm"，如图 16-13所示。风管标注的样式用户可以自定义。

　　选择"管理"选项卡，点击"设置"面板上的"项目单位"按钮，如图 16-14所示，调出【项目单位】对话框。

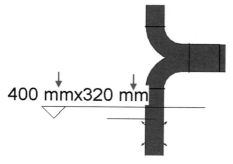

图 16-13　风管标注

图 16-14　点击"项目单位"按钮

　　点击"规程"选项，在列表中选择HAVC选项，接着点击"风管尺寸"选项后的矩形按钮，如图 16-15所示，调出【格式】对话框。点击"单位符号"选项，在列表中选择"无"选项，如图 16-16所示。

图 16-15　【项目单位】对话框

图 16-16　【格式】对话框

　　点击"确定"按钮返回视图，视图执行重生成操作后，可取消显示单位符号，如图 16-17所示。在【项目单位】对话框中首先选择"规程"的类型，再开展设置参数的操作。

　　如要设置风管尺寸标注的样式，应选择"HAVC"规程。假如要设置管道的标注样式，则应该选择"管道"规程。此外还有"公共""电气"等规程类型供选择。

　　风管标注样式还可通过"机械设置"命令来控制。在"设置"面板上点击"MEP设置"按钮，在列表中选择"机械设置"选项，如图 16-18所示，调出【机械设置】对话框。

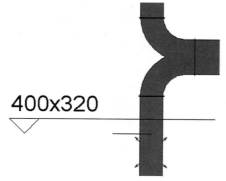

图 16-17　取消显示单位符号

图 16-18　选择"机械设置"选项

在对话框中选择"风管设置"选项，在右侧的列表中可对各种类型的风管，例如矩形风管、圆形风管、椭圆风管的尺寸标注样式进行设置，如图 16-19所示。

图 16-19　【机械设置】对话框

16.4　风管/管道占位符的使用

在"系统"选项卡中，HAVC面板与"卫浴和管道"面板上分别显示有"风管占位符"与"管道占位符"工具，如图 16-20所示。

首先来看看这两个工具可以起到什么作用。启用"风管占位符"工具或者"管道占位符"工具，可以绘制不带弯头或者T形三通管件的管道占位符。

绘制完成的管道占位符一律以单线显示，如图 16-21所示。在开展MEP设计早期，设计师对于管线的分布尚未完全确定，此时使用管道占位符来表示管线的走向，既可表达设计意图，又不占用较大的系统内存，而且编辑修改也简单方便。

图 16-20　"系统"选项卡

图 16-21　管道占位符

待确定管线的走向后，可将管道占位符转换为管道。选择占位符，在"修改|管道占位符"选项卡中点击"转换占位符"按钮，如图 16-22所示，可将选中的管道占位符转换为管道，如图 16-23所示。

将风管占位符转换为风管也可通过启用"转换占位符"工具来实现。

图 16-22　点击"转换占位符"按钮

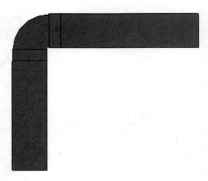

图 16-23　转换为管道

16.5 绘制管线时出现限制怎么办

在绘制风管或者管道时，转换方向绘制后，通常出现禁止绘制的情况，如图 16-24所示。在没有为风管或者管道设置连接构件时，就会出现上述情况。

因为没有指定弯头或三通等连接构件，在绘制水平或者垂直管线时不会有限制，但是绘制与其相接的另一方向的管线时却被禁止。

解决方法是为管线指定相应的连接构件。

例如启用"风管"命令后，点击"属性"选项板上的"编辑类型"按钮，如图 16-25所示，可以调出【类型属性】对话框，在其中可为风管设置连接构件。

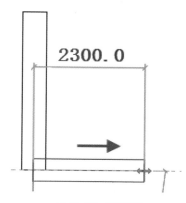

图 16-24 限制绘制

图 16-25 "属性"选项板

在对话框中点击"布管系统配置"选项后的"编辑"按钮，如图 16-26所示，调出【布管系统配置】对话框。在对话框中查看连接构件的设置，如图 16-27所示，若连接构件选项均显示为"无"，表示当前管线并未包含任何连接构件。

图 16-26 【类型属性】对话框

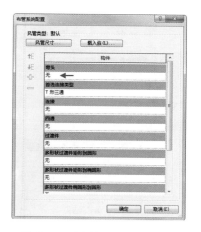

图 16-27 【布管系统配置】对话框

点击构件选项，假如已载入相应的构件族，可在列表中显示，选择即可。假如列表为空白，则通过点击"载入族"按钮，从外部载入构件族即可。设置管线连接件的情况如图 16-28所示，单击"确定"按钮关闭对话框。

再次执行绘制风管的命令，在绘制相接的不同方向的风管时，系统自动生成弯头构件来连接风管，如图 16-29所示。为方便起见，在设置风管类型时，就应该为风管设置各类连接构件。绘制管道时也会出现上述情况，也是通过在【布管系统设置】对话框中设置连接构件来解决问题。

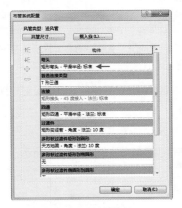

图 16-28　设置连接构件

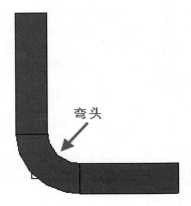

图 16-29　自动生成弯头

16.6　设置管道系统类型

在项目浏览器中展开"族"列表，在"管道系统"下显示项目文件所包含的各种管道系统，例如"卫生设备"、家用冷水等，如图 16-30所示。选择其中一个管道系统，单击鼠标右键，选择"复制"选项，如图 16-31所示。

图 16-30　各种管道系统

图 16-31　选择"复制"选项

执行"复制"操作后，可得到一个管道系统副本，如图 16-32所示。选择管道系统副本，按下<F2>键，对其执行重命名操作，如图 16-33所示。

图 16-32　系统副本

图 16-33　重命名操作

在绘制管道时，需要在"属性"选项板中为其指定"系统类型"。在列表中选择系统类型，如图 16-34所示，则所绘管道即属于该系统。

图 16-34 选择系统

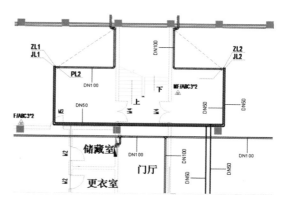

图 16-35 平面视图的管道标记

16.7 在三维视图中标记管道

在平面视图中为管道绘制标记后，如图 16-35所示，转换至三维视图则不可见。在三维视图中显示管道标记，可以帮助检查模型。

转换至三维视图，选择"视图"选项卡，点击"图形"面板上的"可见性/图形"按钮，如图 16-36所示，调出【可见性/图形替换】对话框。

在对话框中选择"注释类别"选项卡，在列表中勾选"管道标记""管道附件标记"等选项，如图 16-37所示，点击"确定"按钮完成设置操作。

图 16-36 点击"可见性 / 图形"按钮

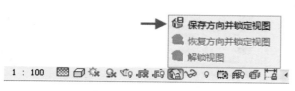

图 16-37 勾选"注释类别"选项卡

在视图控制栏上点击"锁定的三维视图"按钮，在列表中选择"保存方向并锁定视图"选项，如图 16-38所示，接着调出【重命名要锁定的默认三维视图】对话框。

在对话框中设置视图名称，如图 16-39所示，也可使用系统默认名称，点击"确定"按钮关闭对话框。选择"注释"选项卡，在"标记"面板上点击"按类别标记"按钮，如图 16-40所示。

图 16-38 选择"保存方向并锁定视图"选项

图 16-39 【重命名要锁定的默认三维视图】对话框

点击管道，可以创建管道标记，如图 16-41所示。

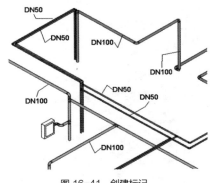

图 16-40　点击"按类别标记"按钮 图 16-41　创建标记

16.8 电气专业中导线类型的记号如何设置

　　电气专业中导线的类型分为：火线、地线、零线，系统默认统一使用长导线作为记号来标注这三个类型的导线，如图 16-42所示。为方便区分导线的型号，可以修改其标记记号的类型。

　　选择"管理"选项卡，点击"设置"面板上的"MEP设置"按钮，在列表中选择"电气设置"选项，如图16-43所示，调出【电气设置】对话框。

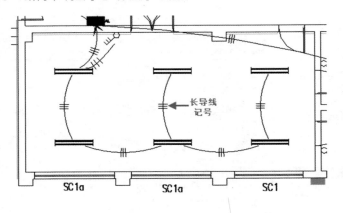

图 16-42　长导线记号

图 16-43　选择"电气设置"选项

　　在左侧的列表中点击选择"配线"选项，在右侧的列表中显示"火线记号"、"地线记号"、"零线记号"的标记记号均为"长导线记号"，如图 16-44所示。点击记号单元格，在调出的列表中显示多种记号类型，例如"短导线记号""挂钩导线记号""圆形导线记号"等，依次为不同的导线指定不同的记号，如图16-45所示。

图 16-44　【电气设置】对话框

图 16-45　设置记号类型

点击"确定"按钮关闭对话框,在视图中观察导线记号的设置情况,如图 16-46所示。

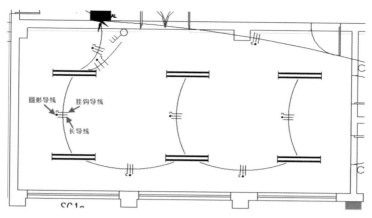

图 16-46　设置导线记号

16.9　创建管道图例

在绘制管道时,通常通过不同的颜色来区别管道的种类,但是仅从管道的颜色来看并不能区分其管径大小。下面介绍创建管道图例,为不同管径设置颜色,并通过识别图例的颜色,辨别指定颜色管道的管径大小。

在平面视图中点击"属性"选项板上的"系统颜色方案"选项后的"编辑"按钮,如图 16-47所示,调出【颜色方案】对话框。在其中显示"管道"及"风管"的颜色方案,假如当前无颜色方案,在"颜色方案"选项中会显示<无>。

点击"管道"选项后的"无"按钮,如图16-48所示,调出【颜色方案】对话框。

图 16-47　"属性"选项板

图 16-48　【颜色方案】对话框

在对话框中的"方案"列表中选择"水管颜色填充"选项,在"颜色"选项中选择"尺寸",接着调出如图 16-49所示的【不保留颜色】对话框,点击"确定"按钮关闭对话框。

此时在【编辑颜色方案】对话框中已经按照管件的管径大小自动生成了颜色填充方案,如图 16-50所示。然后点击"确定"按钮关闭对话框以完成颜色方案的设置。

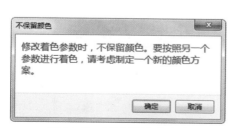

图 16-49　【不保留颜色】对话框

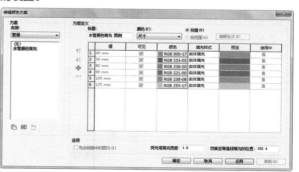

图 16-50　【编辑颜色方案】对话框

返回【颜色方案】对话框，显示"管道"的颜色方案为"水管颜色填充"，如图 16-51所示，点击"确定"按钮关闭对话框。此时管道图例不会自动生成，而是需要转换至"注释"选项卡，点击"颜色填充"面板上的"管道图例"按钮，如图 16-52所示。

图 16-51　显示颜色方案　　　　　　　　　图 16-52　点击"管道图例"按钮

在绘图区域中单击鼠标左键，放置管道颜色填充图例，如图 16-53所示。选择图例，进入"修改|管道颜色填充图例"选项卡，点击"编辑方案"按钮，如图 16-54所示，进入【颜色方案】对话框编辑填充图例样式。

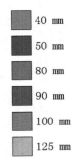

图 16-53　填充图例　　　　　　　　　图 16-54　点击"编辑方案"按钮

16.10　为何提示"找不到自动布线解决方案"

在绘制风管时，有时候会在绘图区域右下角调出如图 16-55所示的提示对话框，提示找不到自动布线解决方案。

出现上述情况后，可以在【布管系统设置】对话框中显示风管构件的配置，如图 16-56所示。

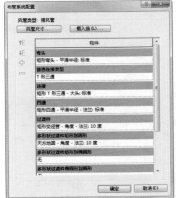

图 16-55　提示对话框　　　　　　　　　图 16-56　【布管系统设置】对话框

假如已经设置了必备的构件，出现"找不到自动布线解决方案"的原因就有可能是平面空间不足。由于空间不足够生成风管及其构件，因此系统会出现提示对话框。

在"属性"选项板里选择"矩形弯头"，显示该类型弯头有三个转弯半径，如图16-57所示。其中，"1.0W"的半径是"160mm"，"2.0W"的半径是"480mm"。

当因空间不足提示无法创建风管时，可以选择最小的转弯半径的弯头。假如还是空间不够，则可创建半径更小的弯头。

可以在【类型属性】对话框中复制一个弯头类型，并修改"半径乘数"选项值，如图16-58所示。通过创建半径较小的弯头，可以节省空间，以达到顺利创建风管的目的。

图16-57　"属性"选项板　　图16-58　创建更小半径的弯头

16.11　更改风管的显示样式

默认情况下，建筑模型以及风管模型会以图16-59所示的样式显示。通过更改视图的显示样式参数，可使得图元以手绘样式来显示。

在三维视图中点击"属性"选项板上的"图形显示选项"后的"编辑"按钮，如图16-60所示，打开【图形显示选项】对话框。

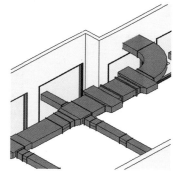

图16-59　常规显示样式　　图16-60　点击"编辑"按钮

在对话框中点击展开"勾绘线"选项组，选择"启用勾绘线"选项，分别设置"抖动"与"延伸"选项参数值为"10"，如图16-61所示。点击"确定"按钮，视图中的图元将以手绘样式显示，如图16-62所示。

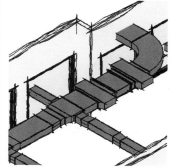

图16-61　【图形显示选项】对话框　　图16-62　手绘样式

16.12　在一根立管上绘制两根管道的方法

立管与水平管线通常通过弯头来连接，如图16-63所示。假如要将另一管线也连接到同一立管上，应该如何操作？

可以启用"管道"命令，在选项栏中设置管道的"偏移量"。需注意的是，在设置参数前，首先要了解已绘制的水平管线的"偏移量",即将绘制的管道的"偏移量"要低于已绘制的管道的"偏移量"。

如图 16-64所示,已绘制的管道的"偏移量"为"1230.0mm",可将新管道的"偏移量"设置为"900.0mm"。如果相距的高度不够,系统会调出提示对话框,提醒用户找不到自动布线解决方案。

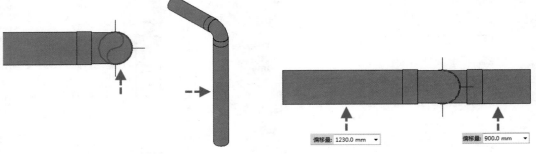

图 16-63　弯头连接　　　　　　　　　　　　　　图 16-64　绘制管线

指定管道的起点与终点,绘制管线与立管连接。转换至三维视图,观察与立管的连接效果,如图 16-65所示。

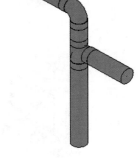

图 16-65　连接立管

16.13　添加管帽

选择待添加管帽的管线,如图 16-66所示,进入"修改|管道"选项卡。在"编辑"面板上点击"管帽开放端点"按钮,如图 16-67所示,可为选中的管道添加管帽,如图 16-68所示。

图 16-66　选择管道　　　　　图 16-67　"修改 | 管道"选项卡　　　　　图 16-68　添加管帽

也可以选择管道,激活管道端点,单击鼠标右键,调出右键菜单,选择"管帽开放端点"选项,如图16-69所示,为管道添加管帽。

选择管帽，在"属性"选项板中可更改类型或者属性参数，如图16-70所示。

图 16-69　选择"管帽开放端点"选项

图 16-70　设置管帽参数

16.14　警告信息能否取消显示

在绘制风管、管道、线管以及电缆桥架、电气线路后，系统会在管线的端点处显示三角形叹号，如图16-71所示。点击"叹号"，会调出警告信息对话框，如图16-72所示。

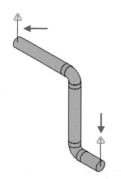

图 16-71　显示警告信息符号

图 16-72　警告信息对话框

用户可以关闭警告信息的显示。选择"分析"选项卡，点击"检查系统"面板上的"显示隔离开关"按钮，如图16-73所示，调出【显示断开连接选项】对话框。

图 16-73　点击"显示隔离开关"按钮

在对话框中选择相应的选项，例如勾选"管道"选项，在绘制管道后，即可在断开处显示警告信息。假如想要关闭警告信息的显示，则在对话框中取消选择相应的选项即可，如图16-74所示。

点击"确定"按钮关闭对话框，会发现警告信息的符号已被隐藏，如图16-75所示。

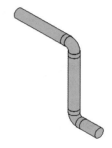

图 16-74　【显示断开连接选项】对话框　　图 16-75　关闭警告信息提示

16.15 创建断管符号

与CAD图纸相同，在Revit中同样可以给管道创建断管符号。执行"新建|族"命令，在【新建 选择样板文件】对话框中选择"常规模型标记"族样板，如图 16-76所示，点击"打开"按钮，打开族样板。

在绘图区域中默认创建水平与垂直参照平面，选择参照平面一侧的标注文字，输入DE快捷键，将其删除。

在"属性"面板上点击"族类别和族参数"按钮，如图 16-77所示，打开【族类别和族参数】对话框。

图 16-76　打开"族样板文件"对话框

图 16-77　点击"族类别和族参数"按钮

在列表中选择"管道标记"选项，然后勾选"随构件翻转"选项，如图 16-78所示，然后点击"确定"按钮关闭对话框。选择"创建"选项，点击"详图"面板上的"直线"按钮，如图 16-79所示。

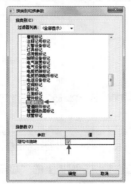

图 16-78　【族类别和族参数】对话框

图 16-79　单击"直线"按钮

在"修改|放置 线"选项卡中点击"绘制"面板上的 按钮，如图 16-80所示，便开始在绘图区域中绘制圆弧。

图 16-80　"修改|放置线"选项卡

以垂直参照平面为基础，分别指定起点、终点以及半径创建如图 16-81所示的圆弧。执行"保存"操作，将其保存到指定文件夹中。点击"载入到项目"按钮，将断管符号载入至指定的项目中。

然后转换至指定的项目文件视图，在管道上点击放置断管符号，如图 16-82所示。当项目文件中载入断管符号族文件后，在"注释"选项卡中点击"标记"面板上的"按类别标记"按钮，也可执行放置断管符号的操作。

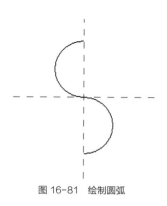

图 16-81 绘制圆弧

图 16-82 放置断管符号

16.16 区分电缆桥架的类型

通过为电缆桥架设置过滤器、指定颜色，可以达到区分电缆桥架类型的目的。在"视图"选项卡中的"图形"面板上点击"过滤器"按钮，如图 16-83所示，调出【过滤器】对话框。点击"新建"按钮，如图 16-84所示，调出【过滤器名称】对话框。

图 16-84 【过滤器】对话框

图 16-83 点击"过滤器"按钮

在"名称"栏中输入名称，如图 16-85所示。点击"确定"按钮，进入【过滤器】对话框。在"类别"列表中勾选"电缆桥架"以及"电缆桥架配件"选项，选择"过滤条件"为"设备类型"，"等于"选项中输入"电信"，如图 16-86所示。然后点击"确定"按钮关闭对话框。

图 16-85 【过滤器名称】对话框

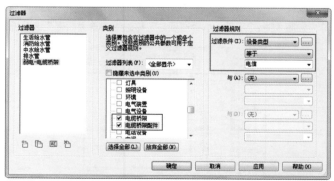

图 16-86 【过滤器】对话框

在"图形"面板上点击"可见性/图形"按钮，在【可见性/图形替换】对话框中选择"过滤器"选项卡。点击"添加"按钮，在【添加过滤器】对话框中选择新建的过滤器，如图 16-87所示，点击"确定"按钮，可将其添加至"过滤器"选项卡中。

点击"弱电-电缆桥架"选项中的"填充图案"单元格，调出【填充样式图形】对话框后点击"颜色"按钮，在【颜色】对话框中选择所需颜色。在"填充图案"选项列表中选择"实体填充"选项，如图 16-88所示，点击"确定"按钮完成填充图案的设置。

图 16-87 【可见性/图形替换】对话框

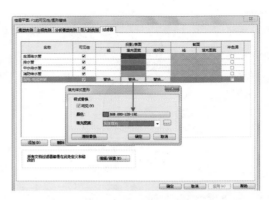

图 16-88 设置填充图案

在绘图区域中创建电缆桥架，在"属性"选项板中的"设备类型"选项列表中选择"电信"选项，如图 16-89所示。所绘的电缆桥架将以所指定的颜色及填充图案来显示，如图 16-90所示。

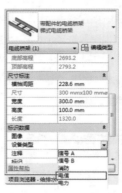

图 16-89 "属性"选项板   图 16-90 电缆桥架

16.17 修改管道类型

绘制完成的管道其类型可以再次设定。创建管道明细表，在"类型"列表中点击单元格，调出系统类型列表，如图 16-91所示，选择选项，可改变管道的类型，设置结果可同步更新至视图中。

在视图中选择管道，在"属性"选项板中显示所选管道的信息。在"系统类型"列表中可显示多种系统名称，如图 16-92所示。选择选项，可将选中的管道归属至该系统。

图 16-91 管道明细表   图 16-92 "属性"选项板

16.18 了解电气设备的重要参数

选择电气设备，在"属性"选项板中可以显示其属性参数。在"电气-线路"选项中下显示"电气数据"参数。其中"220V"为电气设备的电压，"1"为相数，"72VA"为电气设备的功率，如图 16-93所示。

点击"编辑类型"按钮，调出【类型属性】对话框。在"开关电压"及"视在负荷"选项中可以修改电气设备的电压及功率，如图16-94所示。

图 16-93　"属性"选项板　　　图 16-94　【类型属性】对话框

16.19　在立管上插入阀门

在平面视图的管道中插入阀门的方法是：在"属性"选项板中选择阀门后，将鼠标指针置于管道上，拾取管道中心线后，单击鼠标左键，可在指定的位置放置阀门。

但是在立管上布置阀门却稍有难处，下面将介绍在立管上布置阀门的操作方法。

先转换至三维视图，选择"修改"选项卡，点击"修改"面板上的"拆分图元"按钮，如图 16-95所示。在立管上单击鼠标左键，如图 16-96所示。

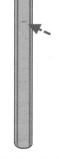

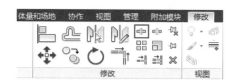

图 16-95　单击"拆分图元"按钮　　　　　　　图 16-96　单击左键

在指定位置处会出现一个活接头，如图 16-97所示，活接头的样式可以在与管道相对应的【布管系统设置】对话框中设置。

选择立管上的活接头，进入"修改|管件"选项卡，点击"编辑族"按钮，如图 16-98所示，进入族编辑器。

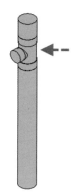

图 16-97　生成活接头　　　　　　　图 16-98　点击"编辑族"按钮

在族编辑器中选择"创建"选项卡，点击"属性"面板上的"族类别和族参数"按钮，如图 16-99所示，打开【族类别和族参数】对话框。在列表中选择"管道附件"选项，点击"族参数"表格中的"零件类型"选项，在列表中选择"阀门-插入"选项，如图 16-100所示，然后点击"确定"按钮关闭对话框。

图 16-99 "创建"选项卡   图 16-100 【族类别和族参数】对话框

点击"载入到项目"按钮，将修改参数的族文件载入到项目中。选择活接头，在"属性"选项板中选择阀门，如图 16-101所示。点击指定的阀门，可将阀门替换为活接头，如图 16-102所示，最后完成在立管上布置阀门的操作。

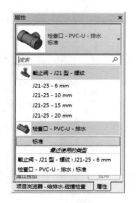

图 16-101 "属性"选项板

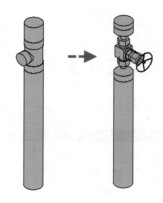

图 16-102 替换阀门

附录:

常用命令快捷键(快捷命令)

命令	快捷键(快捷命令)	命令	快捷键(快捷命令)
墙	WA	线处理	LW
门	DR	填色	PT
窗	WN	拆分区域	SF
放置构件	CM	对齐	AL
房间	RM	拆分图元	SL
房间标记	RT	修剪 / 延伸	TR
轴线	GR	偏移	OF
文字	TX	选择整个项目中的所有实例	SA
对齐标注	DI	重复上上个命令	RC/ 回车键
标高	LL	恢复上一次选择集	<Ctrl>+ ←(左方向键)
高程点标注	EL	捕捉远距离对象	SR
绘制参照平面	RP	象限点	SQ
模型线	LI	垂足	SP
按类别标记	TG	最近点	SN
详图线	DL	中点	SM
图元属性	PP/<Ctrl>+<1>	交点	SI
删除	DE	端点	SE
移动	MV	中心	SC
复制	CO	捕捉到云点	PC
旋转	RO	点	SX
定义旋转中心	R3/ 空格键	工作平面网格	SW
阵列	AR	切点	ST
镜像 – 拾取轴	MM	关闭替换	SS
创建组	GP	形状闭合	SZ
锁定位置	PP	关闭捕捉	SO
解锁位置	UP	区域放大	ZR
匹配对象类型	MA	缩放配置	ZF

命令	快捷键（快捷命令）	命令	快捷键（快捷命令）
上一次缩放	ZP	临时隔离类别	IC
动态视图	\<F8\>/\<Shift\>+\<W\>	重设临时隐藏	HR
线框显示模式	WF	隐藏图元	EH
隐藏线框显示模式	HL	隐藏类别	VH
带边框着色显示模式	SD	取消隐藏图元	EU
细线显示模式	TL	取消隐藏类别	VU
视图图元属性	VP	切换显示隐藏图元模式	RH
可见性图形	VV/VG	渲染	RR
临时隐藏图元	HH	快捷键定义窗口	KS
临时隔离图元	HI	视图窗口平铺	WT
临时隐藏类别	HC	视图窗口重叠	WC

MEP管线设计常用快捷键（快捷命令）

命令	快捷键（快捷命令）	命令	快捷键（快捷命令）
风管	DT	管路附件	PA
风管管件	DF	软管	FP
风管附件	DF	卫浴装置	PX
转换为软风管	CV	喷头	SK
软风管	FD	电缆桥架	CT
风管末端	AT	线管	CN
预制零件	PB	电缆桥架配件	TF
预制设置	FS	线管配件	NF
机械设备	ME	电气设备	EE
机械设置	MS	照明设备	LF
管道	PI	放置构件	CM
管件	PF